Onças e borboletas

Geoffrey Lloyd
Aparecida Vilaça

Onças e borboletas

Diálogos entre antropologia e filosofia

tradução
Fabiane Secches

todavia

À memória de Paletó e To'o Xak Wa

Introdução

Este livro é o resultado de uma colaboração contínua entre uma antropóloga social e um filósofo. A antropóloga (Aparecida Vilaça) passou mais de trinta anos estudando os Wari', um povo que atualmente conta com cerca de 4 mil pessoas vivendo no sudoeste da Amazônia brasileira. Como não é um povo muito conhecido, são necessárias algumas palavras de apresentação. Até meados da década de 1950, seus únicos contatos com os não indígenas foram através de guerras. Em retaliação às suas expedições de guerra, mas em especial porque suas terras eram ricas em borracha, eles foram fortemente atacados pelos brancos e dois terços de sua população foi exterminada até meados da década de 1960, morta por tiros ou por doenças recém-introduzidas. As tentativas de "pacificação" começaram a ser empreendidas por missionários evangélicos da New Tribes Mission, que viveram entre eles, traduziram a Bíblia e começaram a convertê-los ao cristianismo. No entanto, a reação dos Wari' foi peculiar. Sentiram-se desiludidos com os missionários quando, já convertidos, continuaram a sofrer de doenças e mortes. Muitos voltaram às suas crenças tradicionais e à confiança nos seus xamãs. No entanto, desde 2001, por várias razões, entre as quais o medo do fim do mundo sugerido pelo ataque da Al-Qaeda aos Estados Unidos (ao qual assistiram pela televisão), a maioria agora se diz cristã.

O filósofo (Geoffrey Lloyd) se formou como especialista em filosofia clássica. Nos últimos anos, porém, tem se dedicado em especial ao estudo comparativo dos sistemas filosóficos gregos e chineses antigos, com foco na questão das condições sob as quais uma comparação frutífera pode ser possível.

Nós dois lidamos, pois, com sociedades muito diferentes, separadas no espaço e no tempo, e a natureza das provas de que dispomos para estudá-las também difere (majoritariamente orais num caso e escritas no outro, o que constitui uma diferença importante). Contudo, tanto os antigos filósofos gregos como os chineses propuseram muitas vezes ideias que parecem bastante contraintuitivas para a maioria dos comentadores modernos, algumas das quais têm semelhanças interessantes com as dos relatos etnográficos modernos. Foi precisamente o estranhamento suscitado por essas ideias que nos levou a justapô-las no nosso diálogo. Devemos, no entanto, avisar aos leitores que não nos propusemos a fazer uma comparação sistemática entre esses mundos distintos. O nosso objetivo é circular livremente entre eles para compreender melhor por que parecem tão diferentes daquilo a que nós, que vivemos nas sociedades urbanas modernas, estamos habituados. Devemos também deixar claro que os Wari' não estão aqui representando todos os povos indígenas da Amazônia. Embora o seu modo de vida e cosmologia se aproximem dos de muitos outros, há também diferenças importantes entre povos amazônicos sobre as quais não nos deteremos aqui.

Tendo esses pontos em mente, não poderíamos ignorar que os Wari' contemporâneos, os antigos gregos e chineses, e nós próprios, enfrentamos problemas com os quais todos os grupos humanos que já viveram se confrontaram: morte, doença, loucura, infortúnio, o que constitui a humanidade daqueles que reconhecemos como nossos semelhantes, como nos comportamos em relação a outros seres sencientes, que seres são de fato sencientes e centenas de outras questões igualmente desafiadoras. Algumas delas estão relacionadas à condição física da humanidade, outras, às relações sociais.

Ao mesmo tempo, as respostas que foram dadas a essas e outras questões variaram muito. Foram adotadas visões bem diferentes não só sobre os problemas da moralidade, do certo e do errado e do bem e do mal, mas também sobre questões como as relações adequadas internas aos distintos grupos humanos e entre quem é considerado humano e os outros animais. E essas visões se refletem em padrões de comportamento divergentes. No processo, são contadas histórias justificatórias ou apenas descritivas que relatam acontecimentos que podem parecer totalmente incompreensíveis para os observadores acadêmicos ocidentais modernos. Iremos relatar histórias de transformação de uma criatura em outra, de humanos que se tornam animais e animais tornados humanos. Algumas referem-se a um passado obscuro e distante. Outras registram as experiências de quem as conta.

Muitas das formas como esses dados foram discutidos no passado nos parecem insatisfatórias. Ainda acontece, em certas áreas da academia, que o estranho, o paradoxal e o exótico tendam a ser descartados como merecedores de pouca atenção, se não como evidência da credulidade humana. É claro que não basta invocar uma noção de mentalidade primitiva, mas também não basta tratar esses fenômenos como "meros" mitos ou metáforas, ou como histórias contadas para entreter as crianças. Ao postular um mundo diverso no qual esses outros povos vivem, cria-se também o risco de se perder a oportunidade de sondar as semelhanças, bem como as diferenças, entre eles e nós, modernos, independentemente da nossa localização. As nossas duas afirmações são, em primeiro lugar, que podemos fazer alguns avanços, mesmo que não conclusivos, na compreensão dessa aparente alteridade, e, em segundo lugar, que nós próprios podemos aprender com essa investigação.

Ambas as afirmações refletem a nossa convicção de que, embora as diferenças na experiência vivida sejam enormes, isso não nos deve levar a subestimar dimensões em que a estranheza que diagnosticamos nos outros podem ser comparadas com características dos nossos próprios sistemas de crenças e práticas modernas. Talvez as "nossas" estranhezas sejam diferentes das "deles", mas não deixam de propor problemas de inteligibilidade semelhantes. Embora, em relação a certos fenômenos, reconheçamos que erros vêm sendo identificados e, nesse sentido, houve avanços, há ainda grandes faixas de experiência em que, devemos admitir, seguimos à deriva. Ideias bizarras, paradoxais e contraintuitivas podem ser encontradas também na mais avançada ciência moderna ocidental e, claro, são proeminentes em fés religiosas que continuam a coexistir em relações mais ou menos amigáveis com essa ciência. É imprudente generalizar aquilo em que consiste a "modernidade ocidental" — e descobriremos que isso também é verdadeiro para os Wari', bem como para os antigos gregos e chineses.

Começaremos com algumas notas de campo que foram recolhidas nos últimos trinta anos junto do povo Wari'. Como compreender as histórias de rapto de seres humanos por animais, de transformação de seres humanos em animais e vice-versa? Muitos desses casos parecem francamente fantasiosos, e até mesmo, alguns poderiam pensar, produtos de uma imaginação exacerbada. No entanto, o fato de histórias semelhantes serem também relatadas em sociedades antigas e poderem ter paralelos nas sociedades modernas, incluindo a nossa, nos permite, na verdade nos obriga, a alargar o âmbito da nossa investigação. Trata-se de uma investigação não apenas de uma sociedade amazônica em particular, mas da forma como sociedades muito diferentes colocaram e resolveram questões relacionadas com os problemas fundamentais que mencionamos no início, como a relação dos seres humanos com os outros animais. Reconhecemos paradoxos gritantes, mas os usaremos para testar as condições de compreensão mútua. À medida que avançamos, descobrimos que o próprio caráter da "compreensão" buscada e alcançada varia de acordo com o contexto, de formas que raramente têm recebido a atenção que merecem.

Os problemas de tradução confrontam-nos a todo momento e, nesse processo, somos levados a desafiar a aplicabilidade de alguns dos conceitos-padrão da modernidade, sobretudo dicotomias como a que existe entre alma ou mente e corpo, e a própria noção de natureza. Diante do que a princípio podem parecer crenças e práticas bastante contraintuitivas, resistimos à conclusão fácil de que são estritamente ininteligíveis e, em vez disso, refletimos sobre as lições que podemos aprender ao investigar como os outros lidam com aspectos da nossa situação humana comum, incluindo, como já dissemos, o problema absolutamente básico de compreender a alteridade.

Iniciamos a nossa conversa quando surgiram os primeiros surtos da pandemia de covid-19, e durante os sucessivos lockdowns, ficamos limitados a trocas por e-mail. Decidimos manter o tom informal com que conduzimos essas investigações sobre questões fundamentais da antropologia e da filosofia. Reconhecendo que o seu aspecto experimental e exploratório reflete o caráter aberto dos problemas discutidos, sugerimos que sejam considerados, tomando uma expressão cunhada por Gregory Bateson, como "metálogos".[1]

1 Gregory Bateson, *Steps to an Ecology of Mind*. San Francisco: Chandler, 1972.

1. As pessoas e os animais são seres de tipos distintos?

Antropóloga (**A**): Vou contar uma história que ouvi de To'o Xak Wa, minha mãe adotiva do povo Wari'. Foi-me contada durante o meu trabalho de campo em 2005, quando vivia com ela e o marido, o meu pai adotivo Paletó, numa aldeia junto ao rio Guaporé, chamada Sagarana. Naquela época, To'o tinha cerca de sessenta anos e Paletó, setenta.

Devo iniciar a história explicando que, para os Wari', os animais de várias espécies (mas não todas) — sobretudo os grandes predadores, como a onça-pintada, e outros que são apreciados como presas — veem-se como seres humanos. Vivem em casas, têm famílias, fazem rituais e falam a língua humana, que é a língua wari'. Se nos tempos míticos eles podiam ver uns aos outros como humanos e se comunicar, nos tempos cosmológicos (ou atuais), as formas foram definidas e a comunicação regular foi interrompida. Mesmo que as pessoas e os animais se considerem humanos, não se veem mais assim devido a seus corpos diferentes. Ou seja, o que é para uma onça-pintada se ver como humano não é o mesmo para os Wari', pois estamos lidando com diferentes tipos de humanos, diferentes humanidades. A perspectiva humana dos animais acabou se tornando opaca para os indígenas, com exceção dos seus xamãs. Estes têm a capacidade de mudar de forma, podendo adotar o corpo e a visão dos animais.

A consequência dessa diferenciação dos corpos aos olhos uns dos outros é uma diferenciação de mundos, ou seja, cada espécie vê as coisas de forma distinta, embora partilhem a mesma linguagem. Na antropologia, chamamos isso de "perspectivismo", seguindo o trabalho do antropólogo brasileiro Eduardo Viveiros de Castro.[1] Os indígenas veem as onças como animais; as onças veem os indígenas como presas; as onças, como humanos, bebem chicha (cerveja de milho), mas o que elas veem como chicha é sangue na perspectiva dos Wari'; a chicha de uma anta é lama; o mamão de uma onça é a paca (um roedor) dos Wari', e assim por diante. Nas palavras de Viveiros de Castro, há uma mesma cultura, mas diferentes naturezas, o que o levou a se referir a um "multinaturalismo" em contraposição ao nosso "multiculturalismo". Sempre que identificamos um objeto com uma descrição, temos de perguntar do ponto de vista de quem essa descrição se aplica.

Os animais se relacionam com os Wari' quer através da predação — quando atacam da mesma forma que os humanos, isto é, com arco e flecha —, quer através da atração para o seu próprio grupo social, o que significa raptá-los. Os Wari' dizem que os animais querem sempre as pessoas para si, para transformá-las em parentes, e é nisso que as pessoas se tornam mesmo quando são predadas. Quando capturadas, as pessoas passam a partilhar a perspectiva do animal, ou seja, passam a ver os animais como humanos, com um corpo igual ao seu. Por outro lado, elas serão vistas pelos seus familiares, se os encontrarem, como animais.

Passo agora à história, que vou contar tal como me foi contada.[2]

Quando To'o Xak Wa tinha cerca de cinco anos (é o meu palpite, depois de ela ter apontado para uma criança dessa idade para me dizer a sua idade), certa manhã, após uma discussão,

1 Eduardo Viveiros de Castro, "Os pronomes cosmológicos e o perspectivismo ameríndio". *Mana: Estudos de Antropologia Social*, v. 2, n. 2, pp. 115-44, 1996. 2 Para uma versão mais longa, ver: Aparecida Vilaça, *Paletó e eu: Memórias do meu pai indígena*. São Paulo: Todavia, 2018.

sua mãe foi ao igarapé e ali foi convidada por um rapaz, filho de sua irmã, e que a chamava de mãe, para irem pescar mais adiante, onde, segundo ele, havia muito peixe. O rapaz a carregou nas costas por um pedaço do caminho. Depois de um tempo, a mãe começou a ouvir vozes conhecidas chamando por ela, que diziam: "É animal quem te chamou! Não é Wari'! Veja, aqui está a sua filha! Ela chora muito". E o verdadeiro sobrinho gritava para aquele que se passava por ele, a quem todos, com exceção da mulher raptada, sabiam ser uma onça: "Largue a minha mãe no chão!". Foi quando ela se deu conta de que o suposto sobrinho lambia folhas pelo caminho, como fazem as onças. Olhou com atenção e viu um pedacinho de rabo. Com a insistência dos chamados dos parentes, a onça-sobrinho a deixou e partiu. Segundo To'o, a mãe, por ter sido carregada, estava coberta de pelos de onça. Quando perguntei a ela se a mãe tivera medo da onça, To'o respondeu: "Não teve medo. Era Wari' [gente]!".

Pouco tempo depois, foram a uma festa em outra localidade, e o pai de To'o matou um pica-pau e entregou à sua esposa para que ela o preparasse. Sem querer, a mãe de To'o passou os dedos sujos na boca, ingerindo o sangue, o que a tornou comensal das onças, que comem cru. À noite, a mãe estava em sua casa, em estilo antigo, sem paredes, dormindo sobre o estrado de paxiúba, tendo em um dos braços a filha, To'o, e no outro um sobrinho, quando uma onça pulou sobre ela e a arrastou pelo mato pelos braços, até esbarrar em um tronco e fugir, perseguida pelos Wari'. Ela sangrava muito e tinha marcas de garras de onça por todo o corpo. Cuidaram dela e a defumaram com fumaça de milho, usada pelos Wari' para afastar aquilo a que por vezes se chama a alma ou espírito dos animais, embora, como veremos, seja antes o seu duplo. Ela se curou dos ferimentos.

Algum tempo depois, já vivendo em outra localidade, o pai de To'o matou muitos macacos-prego na floresta. Segundo ela, sua mãe agiu como se já soubesse o que o pai havia caçado e foi à floresta encontrá-lo. Vendo as presas, mordeu o pescoço de um macaco, cru ainda, e bebeu todo o sangue. Logo depois, ela cuspiu, e To'o e outras pessoas viram que o que saiu de sua boca não foi sangue, mas restos (como pedaços de mingau) de chicha de milho. Para os Wari', o que nós vemos como sangue, a onça vê como chicha. A mãe de To'o, tendo se identificado com as onças, passou a ter dois corpos simultâneos, um humano e outro animal, e fazia um tipo muito particular de tradução. Em vez de substituir uma palavra por outra, como o fazem os nossos tradutores, transformava, em seu corpo, uma coisa em outra.

Certa vez, ela chamou as filhas para tomarem banho de rio. Ali, viram muitos peixinhos, piabinhas. A mãe disse então às moças: "Vou pegar larvas de inseto. Costurem folhas para as assarmos". Enquanto isso, a mãe pegava os peixinhos. Quando os mostrou para as filhas, não eram peixinhos, mas larvas de inseto. To'o, ao narrar-me o evento, exclamou: "O peixe tornou-se completamente larva!". Em outra ocasião, To'o foi com a mãe e a irmã mais velha para o mato. Prepararam um cesto de palha e, no rio, pegaram muitos mandis, outro tipo de peixe pequeno. A mãe os engolia crus e cuspia restos de chicha de patauá, um tipo de palmeira. As pessoas, ao verem isso, exclamavam: "Era peixe! Virou patauá completamente!". Foi nesse período que a mãe de To'o começou a curar doentes, sendo uma das raras mulheres Wari' que atuaram como xamãs.

Ao perceber o meu interesse por esses casos, To'o me levou a uma casa vizinha à nossa ali em Sagarana, onde vivia uma mulher chamada A'ain Tot, de cerca de sessenta anos, e que havia sido ela mesma raptada por uma onça.

Eu, Paletó e To'o sentamo-nos no chão cimentado de sua casa, em um recinto que tinha ao fundo uma televisão. Ao nosso lado sentaram-se alguns dos netos da mulher, além de outras pessoas que chegaram, curiosas. Conversamos sobre amenidades até que expliquei a ela o episódio que gostaria de ouvir e gravar. Quando coloquei o meu pequeno microfone em sua roupa e liguei o gravador, havia bastante gente em torno de nós.

Quando o fato aconteceu, A'ain Tot tinha mais ou menos cinco anos (mais uma vez, a minha suposição). Certo dia, os adultos mandaram as crianças até o igarapé para buscar água. Foi quando a mãe dela surgiu e a chamou para irem pegar peixe em outro lugar. Ela concordou. Não sabia que se tratava de uma onça, pois era exatamente como a sua mãe. No caminho, encontraram frutos de um tipo de palmeira muito apreciado pelos Wari', e a mãe retirou milho do cesto que carregava para que comessem com o fruto.

Logo depois entrou um espinho no pé da criança, que a mãe extraiu. Nesse momento os ouvintes riram, surpresos, admirando-se do gesto tão humano da onça. Depois de andarem por um tempo, pararam para dormir. Saía leite do peito da mãe, que no momento amamentava um bebê. Quando A'ain estava quase dormindo, percebeu a aproximação de um homem, que se deitou sobre a sua mãe para fazer sexo. A'ain perguntou: "Quem é esse homem?". A mãe então deu uns tapinhas em seu bumbum. Novamente os ouvintes riram, e Paletó me explicou que é assim que as mães fazem à noite, quando as crianças acordam. No dia seguinte, comeram do fruto da palmeira e continuaram a andar, até que a menina ouviu a voz do seu irmão mais velho, chamando-a. Nesse momento, a suposta mãe disse que ia defecar e desapareceu na floresta. Os seus parentes então se aproximaram. O corpo de A'ain estava coberto de pelos de onça e eles a limparam. Ao final da narrativa, perguntei se ela não tinha visto qualquer traço de onça na suposta mãe, um pedacinho de cauda ou algo assim, e ela respondeu: "Nada. Era a minha mãe verdadeiramente". Afinal, a onça comportou-se, em muitos aspectos, exatamente como um ser humano: carregou um cesto, escorreu leite dos seus seios, um homem tentou copular com ela e ela que avisou que ia defecar. Ao mesmo tempo, o contato com a raptora fez com que o corpo de A'ain ficasse coberto de pelo da onça, que fugiu quando os parentes da mãe se aproximaram. Embora vários elementos da história tenham surpreendido a audiência, não houve contestação da veracidade do relato, que pareceu a todos inteiramente crível.

Segundo os Wari', as onças tinham *ximixi'*, "coração", pensamento, o que significa, além do órgão em si, mente, inteligência e sentimentos. Por isso, quando chegavam os parentes, liberavam as pessoas e partiam. Como me explicou To'o: "Onça é gente de verdade", no sentido moral. Isso não acontecia com as antas, que quando raptavam não deixavam a sua vítima retornar. Paletó e To'o testemunharam um caso raro de um rapaz que foi raptado por uma anta e retornou. De acordo com o relato de Paletó, certo dia o rapaz foi caçar com outros homens e desapareceu. Quando o procuraram, encontraram as suas pegadas seguindo pegadas de anta, e concluíram que ela o havia levado. Seus parentes choraram bastante, e após alguns dias de busca, desistiram de procurá-lo. Muito tempo depois, andando na floresta, alguns homens o viram. Ele tinha aparência humana, mas joelhos e mãos de anta. O seu corpo estava coberto de grandes carrapatos de anta, e ele se coçava sem parar. Tiraram todos os carrapatos e ele melhorou. Mas, assim como a mãe de To'o, passou a agir de maneira estranha. Comia folhas. Certa vez, levou para casa um monte de frutos de um tipo que os Wari' não comem, dizendo tratar-se de frutos comestíveis. Defumaram-no com fumaça de milho e, pelo que parece, ele ficou bom. "Só os joelhos dele eram como os de anta", disse

Paletó. Hoje em dia, explicou ele, esses raptos não acontecem mais, não porque os animais não sejam capazes ou não tenham desejo pelos humanos, mas porque a floresta fica agora distante, e os jovens não a frequentam mais.

2.
As transformações animal-humano podem ser consideradas sonhos ou alucinações?

Filósofo (**F**): Será que eles — os ouvintes Wari' — não consideram que essas pessoas, como a mãe de To'o e A'ain Tot, que viam as onças como parentes, podem, em certo sentido, estar alucinando ou sonhando, embora, claro, não possamos supor que a visão wari' dessas experiências coincida necessariamente com a nossa? Deixe-me contar-lhe uma história chinesa que pode ter alguma semelhança com a dos Wari'. Trata-se também de transformações.

Ao contrário da Grécia antiga, na China antiga não temos grandes volumes dedicados à "investigação sobre a natureza", apesar de haver muita curiosidade, tanto sobre os diferentes grupos de animais quanto sobre as regras relativas a quais são comestíveis e até quando devem ser comidos. Há muitas referências a transformações, por exemplo, de falcões em pombos, que são por vezes racionalizadas por estudiosos modernos como baseadas em observações das migrações desses animais, embora os comentadores achem mais difícil explicar um caso como o de pardais que se transformam em mariscos. Encontramos muitos exemplos desse tipo nas várias versões dos chamados tratados sobre regras sazonais ou Ordenanças Mensais, e um desses casos se encontra num texto do século II d.C. conhecido como *Huainanzi*. Algumas das histórias referem-se a dragões e bestas "míticas", mas a ênfase não está, de qualquer modo, naquilo que os gregos chamavam de investigação da natureza, e sim na necessidade de garantir que os seres humanos se comportem corretamente e cumpram as suas obrigações, os rituais certos em todos os meses do ano — e na responsabilidade do governante nesse sentido.

Tudo isso é pano de fundo para o famoso texto da compilação conhecido como "Zhuangzi" (séculos IV a.C. a II a.C.). Este vem no capítulo 2 (na tradução de A. C. Graham de 1981 dos chamados "capítulos internos", embora ele use a transliteração mais antiga do nome do suposto autor, que é Chuang-tzu). Esse é um capítulo extraordinário, repleto de diálogos em que, na metade das vezes, não conseguimos ter a certeza de quem está narrando. Trata de tudo, desde noções do que é o outro e do que é o mesmo, diferentes tipos de atos de fala, como os humanos não conseguem compreender a comunicação e os limites do que pode ser compreendido. Quase todos os pormenores das histórias do capítulo têm sido objeto de uma furiosa controvérsia, com alguns optando por interpretações metafísicas bastante pesadas e outros tentando prescindir da bagagem de um presumível "taoismo" teórico. O capítulo termina com a história amplamente conhecida da borboleta, mas primeiro deixe-me mostrar o diálogo que a antecede:

> A penumbra pergunta à sombra: "Há pouco estavas andando, agora paraste; há pouco estavas sentada, agora estás de pé. Por que não te decides a fazer uma coisa ou outra?
>
> Será que há algo de que eu dependo para ser assim? E aquilo de que eu dependo também depende de outra coisa para ser assim? Será que eu dependo das escamas da cobra, das asas da cigarra? Como é que eu reconheceria por que é assim, como é que eu reconheceria por que é que não é assim?".

É relevante notar que, no início do capítulo, a própria possibilidade de afirmar que algo é tal coisa — ou igualmente que não o é — é posta em causa, embora em certos pontos se admita que temos de "confiar" que certas coisas são assim. Aqui, no final do capítulo, até isso é posto em causa. O "confiar em" permitiria continuarmos a viver, mas não se compromete com a realidade daquilo em que se confia.

Depois, finalmente, chegamos à história de como Zhuang Zhou (ou seja, Zhuangzi)

> na noite passada sonhou que era uma borboleta, espíritos a voar, ele era uma borboleta (será que ao mostrar o que era, ele se adaptou à sua própria fantasia?) e não sabia sobre Zhou. Quando, de repente, acordou, era Zhou com toda a sua consciência sobre si. Ele não sabe se é Zhou que sonha que é uma borboleta ou uma borboleta que sonha que é Zhou.

Então o capítulo termina: "Entre Zhou e a borboleta houve necessariamente uma separação: é isso que se entende por transformações das coisas".

Tudo isso é mais ou menos a tradução de Graham. Ela é contestada de ponta a ponta e o texto crucial no fim — que é muito controverso — deve ser considerado especialmente opaco. Para tentar dar uma ideia do original, poder-se-ia ler: "De repente acordou, de repente Zhou. Ele [mas temos de fornecer o sujeito, pois não nos é dado] não sabe que o sonho de Zhou faz [isto é, 'como'] uma borboleta? O sonho de uma borboleta faz [como] Zhou? No que diz respeito a Zhou e à borboleta, há necessariamente uma separação. É isso que se chama de transformação das coisas".

Assim, ficamos com as borboletas sendo borboletas e Zhou, Zhou (há uma "separação das coisas"), mas se uma borboleta é Zhou sonhando que é uma, ou se Zhou é uma borboleta sonhando que é Zhou, essas são questões sobre as quais o texto lança uma dúvida radical.

A: Ao contrário do que você relata de "Zhuangzi", não há nada de sonho ou alucinação na percepção dos Wari' sobre as suas histórias de transformações. Embora digam que as pessoas e os animais que são humanos podem manifestar-se com uma forma diferente, relacionada com o seu duplo, e que isso também acontece, entre outras circunstâncias, durante o sonho, nenhum conhecedor da história de To'o considerou essa transformação como análoga ao que acontece num sonho, que fala num registro bastante diferente. Além disso, a ideia de uma separação clara entre humanos e animais (borboletas, no seu caso), se transposta para o mundo wari', não pode ser considerada um dado, uma coisa a priori, mas dependente de ações. Os Wari' lutavam diariamente para se manterem separados dos animais. Claro que o fazem porque não estavam separados no mundo pré-cosmológico ou mítico, e esse mundo está sempre a se fazer presente no seu cotidiano. Isso evidencia que a humanidade dos animais tem consequências concretas na forma como as pessoas vivem.

F: Talvez seja útil acrescentar que não só os chineses, mas também os antigos filósofos gregos tinham muito a dizer sobre as transformações entre os seres humanos e os animais e as transformações dos animais entre si. Voltemos ao que eles pensam sobre as borboletas. Ora, o termo grego habitual para borboleta é *psychē*, que é também o termo para "alma" ou "vida" e, como tal, foi objeto de um interesse bastante intenso, e não apenas sobre a questão de saber se sobrevive após a morte, e se sim, de que modo. Jeremy Mynott, cujo *Birds in the Ancient*

World [Aves no mundo antigo][1] é um estudo muito completo de mais do que apenas aves (pelo que é vivamente recomendado), chamou a atenção para a surpreendente anomalia de não haver, de fato, quase nenhuma referência clara a borboletas na literatura grega existente até Aristóteles, apesar de haver muitas referências de diferentes tipos a criaturas vivas e ao seu comportamento a partir de Homero. Seria de esperar que Homero e os poetas líricos utilizassem as borboletas para transmitir a transitoriedade das coisas, mas isso não acontece. Na maioria das vezes, são as folhas que caem, as flores que morrem e outras coisas do gênero que são invocadas.

Quando chegamos a Aristóteles, o cenário muda de forma radical. Na *Historia Animalium*, Livro 5, 551a,[2] o autor faz uma descrição bastante completa do ciclo de vida das borboletas, da lagarta à crisálida e à imago completamente formada. Mynott discute várias especulações sobre a razão pela qual tivemos que esperar até Aristóteles por esse reconhecimento das borboletas, mas acaba por admitir a derrota. A possibilidade de confusão com o outro sentido de *psychē* está lá, mas isso não dissuadiu os escritores posteriores. Nem o próprio Aristóteles foi apanhado de surpresa por esse e outros exemplos daquilo que chamamos de metamorfose, apesar de representar um grande desafio à sua habitual visão confiante de que cada espécie de animal tem uma forma determinada. Eu contrastaria a preocupação de Teofrasto com a questão, no que diz respeito às plantas, de saber se é o espécime selvagem ou o cultivado que nos dá acesso à *natureza* de determinada espécie — ele concluiu de forma interessante que é o cultivado que o faz, uma vez que é apenas com o cultivo que a planta realiza todo o seu potencial.

1 Jeremy Mynott, *Birds in the Ancient World*. Oxford: Oxford University Press, 2018. 2 Ibid., p. 118, apresenta uma tradução (para o inglês).

Quanto às pessoas comuns, camponeses, agricultores e pescadores gregos, não temos razões para duvidar de que estavam bem cientes das alterações sofridas pelas ovas de rã, por exemplo, e de centenas de outros casos semelhantes. Porém, é preciso dizer que todo esse conhecimento tende a ser abafado quando os filósofos naturais, sobretudo Aristóteles, estipulam que cada espécie tem a sua forma particular e o seu conjunto de funções, a sua essência — por vezes bastante clara à observação, como eles afirmam, mas por vezes tudo menos isso. Contudo, podemos e devemos notar que, tanto na Grécia antiga como entre os Wari', é aceito que o que os diferentes grupos de pessoas "veem" varia. Um filósofo da ciência poderia dizer que é claro que sim, porque as nossas observações são sempre efetuadas tendo como pano de fundo certos pressupostos sobre o que existe para ser observado. São, como se diz, "carregadas de teoria", embora, por vezes, as "teorias" em questão sejam implícitas e, portanto, praticamente não sejam teorias.

3. Podemos considerar essas transformações como metafóricas?

F: Penso que a mudança e a transformação são temas-chave que nos permitem viajar da Amazônia para a Grécia e para a China antiga e vice-versa, ao mesmo tempo que nos mantemos atentos às diferenças. Pelo que entendo, embora na terra wari' tudo esteja em constante mudança, ou suscetível a mudar, alguns acontecimentos são realizações mais dramáticas disso do que outros. As suas observações sobre uma maior facilidade de transformação no passado sugerem que as transformações vividas pelos seus interlocutores são reconhecidas como fora do comum, remetendo para um estado de coisas anterior. Onças sequestrando pessoas não é algo que podemos chamar de corriqueiro, certo? — mesmo que a consciência dessa possibilidade possa ser universalmente partilhada. Nesse caso, pode parecer que o contraste feito por eles entre o vulgar e o extraordinário contribui de alguma forma para mapear o que, desde os gregos, temos estado habituados a considerar "natural" e "não natural" (este último, referindo-se desde às anomalias até aos milagres). Será possível distinguir entidades que são particularmente suscetíveis às transformações daquelas em que é menos provável que aconteçam?

A: Os Wari' têm uma lista mais ou menos clara de animais que se transformam (*jamu* na língua wari'). Dizem que são *xirak*, que significa "estranho", "mágico". Às vezes varia entre os xamãs, mas alguns animais constam em todas as listas daqueles aptos a se transformar: onça, queixada, tamanduá, tatu, anta, várias espécies de macacos (como o macaco-prego), todos os peixes, as cobras. Estes são os animais potencialmente humanos, o que significa não só que veem a si próprios como seres humanos e se comportam em conformidade, mas também que podem ser vistos como humanos pelos Wari', sobretudo pelos xamãs. A única espécie de macaco que não se transforma é o macaco-aranha. O mito diz que os membros dessa espécie eram humanos, mas alguns deles decidiram capturar uma mulher Wari' para se casar e, desde então, não podem mais se transformar. O termo *xirak* abrange um leque mais alargado de situações. Os animais que causam doenças são *xirak*, mas feiticeiros também o são, assim como as pessoas que se comportam mal. Também são *xirak* pessoas com deficiências ou incapacidades. Significa "anormal", "diferente". Podem ser maus ou bons, dependendo das suas ações.

F: O contraste entre transformador e não transformador atravessa a divisão entre extraordinário e ordinário, na medida em que parece ser normal que alguns animais se transformem, mas que outros não se transformem (apesar de poderem existir diferentes registros ou listas). Todos os animais que se transformam são considerados presas comestíveis? Existe alguma correlação com a estipulação de restrições alimentares? Lembro-me de você ter relatado o alívio que os Wari' sentiram ao perceber que a história do Gênesis aprendida com os missionários evangélicos norte-americanos (que chegaram nos anos 1950 para os converter) lhes dava licença para comer muitos animais antes proibidos, porque agora compreendiam que Deus os tinha criado todos para benefício dos humanos.

A: Ordinário ou extraordinário depende da situação. Começo por introduzir o par: "verdadeiro" (*iri'*) versus "falso", "estranho" ou "não original" (*kaji*). Um machado de pedra é *iri' kixi* ("nosso machado verdadeiro") e um machado de metal é *kaji kixi*. Quando eles querem dizer que eu (Aparecida) sou uma pessoa Wari', dirão que sou *iri' Wari'*. O contrário seria *kaji Wari'* ou *Wari' paxi* ("mais ou menos", "quase", ou ainda "ela está dizendo isso, mas não é realmente Wari'"). O porco exótico domesticado é *kaji mijak* e um queixada é *iri' mijak*. To'o, ao contar sobre a sua mãe, disse que ela era *iri' kopakao'* (o termo wari' para a palavra "onça"). Disse isso para enfatizar que ela (To'o) não estava brincando conosco, que o que estava contando tinha realmente acontecido. *Iri'* com o sufixo *o* é também uma espécie de ponto de exclamação, como o nosso "É mesmo?". É uma forma de dizer a uma pessoa, durante uma conversa, que gostamos e aprovamos o que ela diz. "*Iri' o?*" Também pode funcionar como uma pergunta: "sério?", "tem certeza?".

Voltando aos animais que *jamu* (se transformam), os Wari' chamam todos eles de *iri'* ("verdadeiros") *karawa* ("presa", "alimento"), porque, à exceção da onça e das cobras, são as suas presas preferidas. Se tudo for feito corretamente, ou seja, o abate e a preparação de um animal, ele não causará doenças, ainda mais se tiver sido visto por um xamã, que extrairá do animal todos os seus atributos humanos (sobretudo adornos corporais) e os restos de comida. Também temos de considerar que a comestibilidade depende do estado de vida. A menstruação, a maternidade, a guerra e outras ocasiões críticas implicam tabus também para os *iri' karawa*.

Assim, embora os Wari' tenham muitas formas de distinguir o verdadeiro e o não verdadeiro e o real e o falso, não têm uma categoria equivalente à nossa "metáfora", pelo que seria insensato da nossa parte pensar que isso constitui a chave para a nossa compreensão das histórias que apresentei no início.

F: Você disse que os macacos-aranha não *jamu* (se transformam). Não é costume caçá-los? Pergunto se, afinal, não é a comestibilidade o critério para os animais *jamu* ou não. Faz sentido?

A: Os Wari' também comem animais que não *jamu*, como o macaco-aranha. Poderíamos dizer que os animais que *jamu* são as presas preferidas não porque se transformam, mas apesar disso. São saborosos, por isso é aceitável correr o risco (embora, como já disse, seja preciso ter cuidado ao matar e preparar o animal da forma correta, para não o afrontar). Mas acho que vai além disso. Escolher os animais humanos como presas preferenciais é uma forma de manter a multiplicidade de perspectivas presente no cotidiano dos Wari'.

F: Se os animais capazes de se transformar são aqueles que veem a si próprios como humanos, por que isso seria uma "transformação"?

A: De fato, eles só se transformam aos olhos exteriores, pois já são humanos para si próprios. É tudo uma questão de quem é capaz de ver ou não. Normalmente são os xamãs. Podemos dizer que as transformações são sempre relações. Para afirmar isso é preciso um terceiro ponto de vista. Não dizemos que do ponto de vista da onça ela se transforma. Ela vê-se sempre como um humano. O que varia é se ela vê um Wari' como humano também ou como presa. A transformação está na relação entre a onça e o humano ou a presa. Não é uma relação entre a onça *qua* onça e a onça *qua* humano, pois na perspectiva da onça ela é sempre humana. Do ponto de vista dos Wari', o que eles veem é uma onça. Mas eles sabem (e os xamãs podem ver) que a onça se vê como humana.

F: Voltando aos antigos, as transformações dos animais, inclusive agora, na dispensação cósmica existente (ou seja, não apenas nas histórias de origem), são um tema muito comum na China antiga, mesmo antes das influências budistas se tornarem proeminentes. Animais constituem boa matéria para reflexão, não só como paradigmas de padrões de comportamento humano (coragem, astúcia, engano), mas também como exemplos de mudança e da dificuldade de fixar a identidade. Será que Zhuangzi, ao acordar depois de sonhar que era uma borboleta, é realmente uma borboleta agora, sonhando que é Zhuangzi? É claro que Zhuangzi não é de modo algum um autor "típico", seja o que for que isso queira dizer: ele não representa ninguém para além de si próprio. Mas isso é útil para questionar até que ponto o contraste entre o registro oral e o escrito é um fator de diferenciação fundamental. O(s) autor(es) desse texto chinês era(m) claramente muito letrado(s) e demonstra(m) isso na sua habilidade de captar o espírito do registro oral. Uma das coisas mais impressionantes do texto é o fato de, muitas vezes, não se ter a certeza de quem está narrando, e as dramatis personae certamente incluem algumas personagens peculiares.

Na Grécia, podemos encontrar a ideia de renascimento como outro tipo de animal ou planta em escritores altamente letrados a quem são atribuídos lugares importantes na história da filosofia ou na história da ciência (Empédocles, por exemplo), e a ideia de que outras criaturas surgem da degeneração dos seres humanos (na verdade, apenas daqueles do gênero masculino) está presente em ninguém menos que Platão. Lá se vai a suposição de uma divisão nítida entre o "mito" e a mera narração de histórias, de um lado, e a filosofia séria, de outro. A ideia de que a forma como renascemos reflete o nosso caráter moral nesta vida é muito utilizada: porém, mais uma vez, a utilização do mito para lições morais não é surpresa para ninguém. Há certamente implicações morais que podemos reconhecer nos mitos que Lévi-Strauss recolheu nas Mitológicas.[1] E há muitas lições morais implícitas nos contos populares que continuam a circular em todas as sociedades, por mais modernas e sofisticadas que pretendam ser.

Certamente as histórias de transgressão e as suas consequências contam como esses transmissores de valores, e certamente a própria transgressão, implicam a assunção de limites a serem transgredidos. O estruturalismo insistiria, sem dúvida, que as unidades de análise não deveriam ser mitos isolados, mas concatenações destes. Mas a questão continua a ser que os contrastes entre o quente e o frio, a ciência teórica e a ciência concreta, as obras de alta literatura e a oralidade não devem ser exagerados. E a forma como cada um desses pares deve ser construído, seja como mutuamente excludentes ou não, é problemática.

É verdade que alguns dos antigos gregos se dedicaram a estabelecer fronteiras entre os verdadeiros naturalistas e os meros pescadores, entre os que têm explicações causais para as doenças e os que têm uma bateria de remédios empíricos. Mas suponho que tenho de reconhecer que passei muito tempo questionando o que estava acontecendo naquele momento — e agora, na forma como essas fronteiras continuam, por vezes, a ser policiadas. Porém, o tema das transformações nos oferece uma ocasião maravilhosa para transpor algumas barreiras.

A: As fronteiras bem fixadas me lembram Latour[2] e os seus "modernos". Nesse caso, as transformações são vistas como anormalidades e são escondidas ou domesticadas (passando para a literatura, por exemplo, ou permanecendo como mito

1 Claude Lévi-Strauss, *O cru e o cozido*, v. 1; *Do mel às cinzas*, v. 2; *A origem dos modos à mesa*, v. 3; *O homem nu*, v. 4. Trad. de Beatriz Perrone-Moisés e Carlos Eugênio Marcondes de Moura. São Paulo: Cosac Naify, 2004-11. (Mitológicas). 2 Bruno Latour, *Jamais fomos modernos*. Trad. de Carlos Irineu da Costa. São Paulo: Editora 34, 2013.

ou histórias infantis). Não pretendo insinuar que para os ameríndios as transformações sejam acontecimentos diários, mas eles falam muito sobre elas e pensam nelas, em vez de tentarem não as ver (transferindo aqueles que se transformam para asilos, por exemplo). Concordo com você que o fenômeno ocorre amplamente, no passado e no presente, mas a forma como as pessoas lidam com ele nos diz muita coisa. Portanto, a questão não é se as pessoas se transformam em animais, mas como encaram esse fato, não acha? Até que ponto isso faz parte da vida delas, das suas conversas, preocupações, de seus medos, sonhos?

4.
Semelhanças e contrastes com a Grécia antiga

F: Tenho de sublinhar que *alguns* gregos estabelecem fronteiras, mas nem todos o fazem! Deixe-me lhe dar uma ideia muito rápida da variabilidade do pensamento grego.

A história do pensamento grego tem sido muitas vezes, e até habitualmente, contada pelos acadêmicos modernos do ponto de vista do triunfo gradual, mas seguro, da Razão. Nos tempos pré-clássicos, dizem-nos, o mito e a superstição eram galopantes. A partir do final do século VI a.C. ou início do século V a.C., os pensadores gregos basearam-se visivelmente na razão para insistir que os mitos (fictícios) deviam ser substituídos pelo *logos* (racional), termo que abrange palavra, história, proporcionalidade e relato racional. As crenças de que as doenças podiam ser causadas por deuses ou demônios (*daimones*) foram atacadas pelos especialistas antigos, tal como o foram pelos mais modernos, consideradas como superstição (*deisidaimonia*) promulgada por trambiqueiros e charlatães que não faziam ideia das verdadeiras causas — naturais — das doenças e que exploravam a credulidade da sua clientela para ganhar dinheiro.

Todo esse relato do progresso "do mito à razão" foi grosseiramente superficial, deturpando (entre outras coisas) a semântica do *muthos* e do *logos*, ignorando os elementos contínuos de mitologização que se mantiveram na filosofia grega até o fim da Antiguidade pagã e era cristã adentro, ignorando também o fato de que os escritores que acusaram outros curandeiros de charlatanice não estavam muitas vezes em posição (diríamos nós, ou seja, os positivistas) de dar uma explicação causal exata das doenças ou de curar os seus doentes. Na Antiguidade grega, as condições de concorrência entre os relatos "científicos" e "tradicionais" ou "alternativos" eram muito mais equitativas do que atualmente.

O livro pioneiro de Dodds, *Os gregos e o irracional*,[1] contribuiu muito para minar os relatos positivistas anteriores do chamado Iluminismo grego, embora o livro especulasse de forma demasiado superficial a respeito dos "xamãs" gregos. No entanto, apesar de, na sequência de Dodds e de outros estudos sobre a religião grega,[2] os acadêmicos terem atenuado as suas afirmações triunfalistas mais extremas, a noção de que a filosofia grega dissipou o nevoeiro da ignorância anterior continuava a ser comum à maioria das histórias. O terceiro volume da clássica *A History of Greek Philosophy*, de Guthrie,[3] intitulava-se, afinal, simplesmente *The Fifth-Century Enlightenment* [O Iluminismo do século V].

À primeira vista, muitas das provas de que dispomos sobre os primeiros "filósofos" gregos proeminentes — Tales, Pitágoras, Xenófanes, Heráclito, Empédocles — parecem prestar-se a uma interpretação "iluminista emergente". O argumento seria de que, por um lado, temos descobertas "científicas", matemáticas e astronômicas notáveis, como a de que a Lua brilha com a luz do Sol e que os eclipses solares ocorrem quando a Lua se interpõe entre o Sol e a Terra. Mas, por outro lado, subsistem histórias de crenças "religiosas", na metempsicose ou

1 Eric R. Dodds, *Os gregos e o irracional*. Trad. de Paulo Domenech Oneto. São Paulo: Escuta, 2022. 2 Em especial Walter Burkert, *Lore and Science in Ancient Pythagoreanism* (Cambridge: Harvard University Press, 1972); e Robert Parker, *Miasma: Pollution and Purification in Early Greek Religion* (Oxford: Clarendon, 1983). 3 William Keith Chambers Guthrie, *A History of Greek Philosophy*. v. 3: *The Fifth-Century Enlightenment*. Cambridge: Cambridge University Press, 1969.

na reencarnação das almas em diferentes espécies de seres vivos, e muitas proscrições rituais associadas sobretudo aos pitagóricos: "não atiçar o fogo com uma faca", "não tocar no feijão", "não urinar virado para o sol". Na história do "Iluminismo emergente", estas últimas são frequentemente tratadas como resíduos de um período mais "mágico" ou como importações de outras culturas antigas do Próximo Oriente (ou ambos).

Essa segunda linha de argumentação (influências estrangeiras) é utilizada com bastante frequência pelas próprias fontes gregas antigas, por vezes positivamente (o apreço dos gregos pela sabedoria oriental), outras vezes negativamente (é daí que vem a superstição). Muitos dos sábios que acabo de mencionar teriam viajado para o Oriente e trazido ideias e práticas que incorporaram aos seus próprios ensinamentos. É o caso, nomeadamente, de Tales e Pitágoras. Mas isso deixa em aberto a questão de saber por que eles adotaram tais ideias específicas e por que quiseram persuadir os seus compatriotas gregos da validade delas, se é que foi isso que fizeram (o que tem sido questionado).

Tem havido muitas tentativas, antigas e modernas, de racionalizar o que se passa nessas proibições rituais. Assim, a proibição dos feijões foi por vezes considerada uma mensagem antidemocrática, uma vez que os feijões eram utilizados como boletins de voto, embora essa tenha sido apenas uma das cinco ou seis tentativas de explicá-la e justificá-la. "Não atiçar o fogo com uma faca" pode ser interpretado[4] como uma advertência para não atiçar as paixões ou o orgulho dos poderosos (não creio que nenhum autor antigo tenha realmente chamado a atenção para o fato de que, se colocarmos uma lâmina de metal no fogo, ela perderá a sua "têmpera" e terá que ser afiada novamente).

4 Diógenes Laércio, 8.18.

O problema é que essa combinação de "magia" e "ciência" não é suficiente como interpretação, a não ser que se atribua uma espécie de dupla personalidade a muitos desses antigos dignitários. Somos antes obrigados a adotar o princípio metodológico de que eles — os próprios atores — não viam qualquer incompatibilidade entre os diferentes elementos dos seus ensinamentos. Vejamos o caso de Empédocles, cujas provas de que dispomos são particularmente ricas (embora certamente longe de serem exaustivas). Ele é responsável pela primeira afirmação clara do que se tornou uma ideia cosmológica e física grega fundamental: a dos elementos primários ou constituintes últimos que compõem tudo o que existe. Chamou-lhes "raízes". Mas, embora por vezes os designe com os termos comuns para fogo, ar, água e terra, também os chama pelos nomes dos deuses, e isso não é um mero floreio literário, uma vez que ele defende claramente sua divindade. Ora, para além de excertos de um livro sobre a Natureza, temos também material associado a uma obra (ou pode ser outra parte do mesmo livro) que diz respeito a Purificações, o que tem tudo a ver com a forma como se deve cuidar da alma e como a alma enfrenta a reencarnação, seja noutro humano ou num animal ou planta. Nela, Empédocles nos conta que ele próprio nasceu como rapaz, como menina, como arbusto, como pássaro e como peixe.[5]

Noutro excerto, Empédocles nos diz que ao percorrer a sua cidade natal de Acragas, é visto como um deus, e as pessoas fazem fila para lhe pedir "a palavra de cura" para todo o tipo de doença.[6] Ora, ele não especifica que tipo de "palavra de cura" pode ser essa; pode ser um conselho sobre um ou outro medicamento. No entanto, o termo usado para

5 Hermann Diels e Walter Kranz (Orgs.), *Die Fragmente der Vorsokratiker*. 6. ed. 3 v. Berlim: Weidmann, 1952, fragmento 117. 6 Ibid., fragmento 112.

"palavra" aqui (*baxis*) é também um termo para "oráculo", e é certamente possível que o que Empédocles proferia fosse um dos encantos ou encantações que o escritor hipocrático de "Da doença sagrada"[7] associa aos truques (a palavra usada é *deisidaimonia*) dos charlatães que ele rotula de "purificadores". Essa ambivalência está profundamente enraizada na medicina grega. A palavra para droga (*pharmakon*) é também usada para veneno e para um encanto (verbal).

Assim, para nós, modernos, tentar estabelecer uma barreira entre a "ciência", a "magia" e a "religião" de Empédocles é impor as nossas categorias de forma bastante arbitrária. É claro que alguns continuarão a alegar o fato de que se tratava dos primeiros dias do desenvolvimento da ciência, logo não se poderia esperar que esta tenha saído completamente formada da cabeça de Empédocles ou de qualquer outra pessoa. Sem dúvidas, há ocasiões nas quais podemos estabelecer certas distinções em que as categorias modernas podem ser aplicadas, *sob reserva*, com ressalvas. Mas insisto que os perigos de distorção permitem recomendar que se suspendam essas categorias enquanto investigamos as relações entre os diferentes estilos, objetivos e métodos que os próprios atores antigos utilizaram.

Um desafio fundamental para a nossa compreensão diz respeito a uma crença que parece ter bastante semelhança com as crenças que encontram problema em estipular evidências de uma sociedade como a dos Wari'. Refiro-me à crença que parte da ideia de que algumas espécies de animais se transformam noutras e que conduz, ou pelo menos está ligada, à generalização de que todos os seres vivos são, de alguma forma, parentes. Vimos Empédocles falar das suas reencarnações, e

7 Henrique Cairus, "Da doença sagrada", em H. F. Cairus e W. A. Ribeiro Jr., *Textos hipocráticos: O doente, o médico e a doença*. Rio de Janeiro: Editora Fiocruz, 2005. Disponível em: <books.scielo.org/id/9n2wg>. Acesso em: 19 nov. 2024.

o parentesco de todos os seres vivos é representado em fontes que datam de diferentes épocas como um princípio fundamental do próprio Pitágoras. A diferença em relação às crenças dos Wari' que você mencionou é que eles (os Wari') falam de transformações durante um único período da vida, e não reencarnações após a morte. As suas transformações são reversíveis. Mas a semelhança é que essas transformações desafiam a ideia de fronteiras rígidas entre as espécies.

Aqui, então, somos confrontados com crenças que simplesmente não fazem sentido para a nossa biologia, a não ser pelo fato de que, quando investigamos a evolução, nós próprios, com os benefícios da ciência moderna, podemos e devemos aceitar que as espécies com certeza não são imutáveis. A biologia diz que, embora haja evolução, no curso normal da vida animais de uma mesma espécie são geralmente aqueles que podem se reproduzir entre si. Existem híbridos, alguns dos quais são férteis, outros não. Mas quais e por que são questões a serem resolvidas pela análise dos seus cromossomos, genes e DNA, e não a priori. No que diz respeito a nós, humanos, enquanto vivemos as nossas vidas não nos transformamos noutras criaturas.

Mas a biologia (moderna), enquanto modo de investigação poderoso que é, certamente não é o único discurso sobre os seres vivos que pode e deve informar a resposta à questão de como devemos nos comportar. A própria biologia também não chegou ao fundo da questão da consciência, de quais criaturas sencientes podem sentir e sentem algo como nós sentimos, seja dor ou prazer ou qualquer outra experiência que se classifique como consciência fenomenal.

Alguns chegarão a conclusões sobre a forma como devemos nos relacionar com os animais de vários tipos a partir de reflexões sobre as suas próprias experiências diretas, quer se trate de espécies domesticadas ou selvagens (e não serão muitos os encontros com elas na vida da maioria dos humanos urbanizados). Mas as evidências e os argumentos para tentar elaborar recomendações universalmente válidas simplesmente não existem: as recomendações *universais* são uma miragem.

A lição a ser aprendida é, portanto, bastante óbvia. Não podemos nos contentar com a ideia de que as ciências detêm o monopólio da verdade. No meu exemplo, a biologia não é a única disciplina a que devemos prestar atenção. De fato, poucas pessoas passam a maior parte do tempo engajadas nesse discurso. Mas também não é verdade que muitos prestem atenção no que os poetas têm a dizer sobre os outros seres vivos. Em geral isso ainda é verdade, apesar da popularidade da obra de Ted Hughes, por exemplo, cujos poemas maravilhosamente sensíveis derrubam as barreiras entre o comportamento humano das aves, como o corvo, e o comportamento animal dos seres humanos.[8] Mas quanto àquilo a que devemos prestar atenção, quando o fazemos, temos de admitir que não existe uma autoridade superior a que podemos recorrer para obter as respostas.

A essa altura, os historiadores positivistas da ciência podem estar aptos a fazer algumas pequenas concessões, mas não para recuar na afirmação principal de que a filosofia e a ciência gregas representavam, de fato, como eu disse, um triunfo da razão. É claro, as concessões girariam em torno da constatação de que muitos dos grandes gênios da história da ciência, Tales, Empédocles e até Arquimedes, eram personalidades complexas, e isso continua a ser verdade com a maioria dos gênios da revolução científica, Galileu, Kepler, Newton, até os físicos dos últimos dois séculos. Admitem que falar em um "milagre" grego é um passo errado. No entanto, reconhecer isso, diriam, não afeta o ponto principal, ou seja, que a pesquisa

8 Ted Hughes, *Crow*. Londres: Faber & Faber, 1972.

sobre a natureza representa um avanço fundamental, a rejeição de muitas ideias e práticas supersticiosas tradicionais e a adesão a uma nova metodologia de investigação dos fenômenos naturais. A magia e o ritual nunca são progressivos, mas quando a investigação sobre a natureza começou, o progresso, o avanço do conhecimento, pôde ser sustentado (mesmo que muitas vezes não o tenha sido), ajudado, evidentemente, pelo aumento do letramento, conservando ideias anteriores e tornando-as disponíveis para escrutínio.

O trabalho de interpretação e avaliação das principais figuras da história da ciência grega, desde Tales e Empédocles, passando por Platão e Aristóteles, Euclides e Arquimedes, está em curso. Mas a história positivista continua a não dar conta, em primeiro lugar, do fato de o sucesso da razão nunca ser absoluto e, em segundo lugar, de que, em sua presumível marcha ascendente e progressiva, muito se ganha, mas também muito se perde. No que se refere ao primeiro aspecto, praticamente todas as figuras-chave tinham os seus pontos de vista mais ou menos (em geral menos) convencionais sobre o divino — para a maioria dos antigos, os corpos celestes eram deuses, independentemente de defenderem ou não que as estrelas influenciavam a sorte dos humanos na Terra.

Mas talvez o segundo dos meus dois pontos seja o mais importante, ou seja, o lado potencialmente negativo do avanço das explicações racionais dos fenômenos naturais. O melhor exemplo disso pode ser o tema das purificações. Já observei como alguns dos médicos hipocráticos desprezavam as pretensões daqueles que chamavam de "purificadores", que afirmavam ser capazes de diagnosticar qual divindade era responsável por cada queixa e de fornecer remédios em forma de encantos e encantamentos. É claro que agora não temos acesso ao que os próprios "purificadores" do século V a.C. poderiam ter dito em sua defesa (a menos que consideremos Empédocles como um deles), mas temos amplas provas do século II d.C. que são relevantes para o problema. Trata-se dos chamados "Contos sagrados" do orador Élio Aristides,[9] um grande defensor dos poderes de Esculápio, que ele descreve como o seu salvador, e isso apesar do fato de que tão logo Élio foi curado de uma terrível doença, sucumbiu a outra. No entanto, durante toda a sua vida horrível cheia de doenças, a sua fé naquilo que chamamos de medicina dos templos permaneceu inabalável, e ele compara repetidamente as capacidades dos médicos comuns de forma desfavorável em relação às do próprio Esculápio.

O que podemos pensar, então, a respeito disso? Partindo da distinção entre "eficácia" e "felicidade", podemos observar que, apesar de Élio continuar a ter um histórico terrível de saúde, fica evidente que se conforta bastante com a convicção de que o seu deus está lá para ajudar. Pode-se então dizer que o êxito da medicina dos templos reside mais no apoio psicológico que ofereciam do que na percepção da eficácia da medicação sugerida, embora essa eficácia fosse frequentemente reivindicada pelos defensores desse estilo de medicina. Queriam curas e não apenas conforto. Devemos registrar que em nenhuma fase da Antiguidade greco-romana a medicina dos templos foi deixada de lado por aqueles que a consideravam uma mera superstição. Repetindo o que eu disse antes, se nos limitarmos ao discurso da biomedicina, a busca pela intervenção divina é simplesmente irrelevante para a recuperação dos doentes. Mas se admitirmos que esse não é o único discurso em jogo, então podemos dar espaço à terapia da palavra. De fato, esta continua a ter um grande peso nos tratamentos em que a psiquiatria moderna se baseia, mesmo quando a própria psiquiatria tem de reconhecer que muitas vezes não está em

9 Charles Allison Behr, *Aelius Aristides and the Sacred Tales*. Amsterdam: Hakkert, 1968.

posição de assegurar a saúde dos seus pacientes (o que corresponde ao meu primeiro ponto, a respeito do triunfo incompleto da racionalidade).

E então, como ficamos? Não podemos afirmar que os gregos antigos não lidaram com questões tão profundamente desafiadoras como as que encontramos entre os Wari'. As certezas anteriores sobre o progresso contínuo da ciência não podem ser mantidas. Os problemas que enfrentamos para distinguir erros óbvios de diferenças de perspectiva não devem ser resolvidos por meio de generalizações sobre racionalidade. Esses problemas têm de ser tratados seriamente, um a um. Alguns deles podem ser resolvidos: por vezes, estamos em posição de efetuar alguma interpretação guiados pelas nossas fontes. No entanto, quando investigamos os critérios que invocamos para chegar a esses juízos, temos de reconhecer os diferentes discursos que eu mencionei. Diferentes discursos têm maior ou menor relevância para grupos distintos. Alguns que ocupam lugares centrais na modernidade não preocupavam outros povos, nem agora e nem em outros tempos. Mas temos de observar como a modernidade está se revelando míope. Confiamos nela com frequência, em vez de confiarmos em alternativas. Há de se questionar até que ponto essa confiança está bem fundamentada. É claro que deve haver espaço para outras vozes.

5. Existem transformações completas e incompletas?

F: Vamos voltar às suas histórias. To'o lhe contou sobre a caça ao macaco-prego, em que a mãe dela morde o pescoço de um macaco e depois cospe o sangue. E então você disse: "To'o e outras pessoas viram que o que saiu de sua boca não foi sangue, mas restos de chicha de milho. Para os Wari', o que nós vemos como sangue, a onça vê como chicha". Mas isso me surpreendeu. Você afirma que To'o e outros viam que a mãe dela cuspia algo que parecia restos de chicha. Mas isso seria uma percepção da onça, não seria? Eu esperava que dissesse que o que To'o e os outros viram seria sangue e que só a mãe de To'o teria dito — no seu modo de corpo de onça — que o que ela cuspiu era chicha.

A: A mãe dela estava jogando com as perspectivas enquanto futura xamã (depois tornou-se xamã), para quem as perspectivas por vezes se misturavam. Ela era uma onça, mas também uma humana, tendo dupla perspectiva. Nossa expectativa é de que alguém tenha apenas uma perspectiva de cada vez. Mas para os Wari' não é esse o caso, como podemos ver nesse exemplo de um xamã sendo, de certa forma, um ser duplo. De um modo mais geral, como Eduardo Viveiros de Castro já salientou, o caráter, a forma ou a identidade de quase tudo no mundo indígena amazônico depende de relações reais. Podemos comparar ao modo como as posições de parentesco funcionam para nós: uma mulher será filha do ponto de vista da mãe, mas também será esposa, irmã ou tia a partir de outras perspectivas, e cada um desses papéis implicará obrigações, pressões e percepções diferentes.

Respondendo à sua pergunta, do início ao fim do ocorrido a mãe de To'o viu chicha, e não sangue. To'o e os outros também viram chicha, embora tenham deduzido que era sangue, pois saiu da boca dela depois de ter mordido o macaco cru. Os Wari' podem dizer que a mãe fez com que se parecesse com chicha para os outros depois de ter feito (o sangue) passar pelo seu corpo, e nesse caso podemos dizer que o seu corpo atuou como uma espécie de máquina de tradução.

F: É evidente que essa questão dos corpos duplos é um ponto crucial, assim como a ideia do corpo como máquina de tradução. Mas, por ora, posso me concentrar num outro ponto? Sua história parece implicar que há transformações incompletas e transformações completas. Então, como é que as onças aparecem quando realizam um rapto? No caso que você descreveu, a mãe de To'o é convidada a pescar por alguém que se parece com o sobrinho. Quando o sobrinho verdadeiro chama, a mãe de To'o olha com atenção e vê um pequeno pedaço de rabo. Mas, tendo sido carregada pelo sobrinho-onça, estava coberta de pelo de onça, que não podia ver como tal, embora até o fim não se tenha assustado porque a onça era um Wari'. Da mesma forma, na cena de rapto de A'ain Tot, na qual há outro caso de um corpo coberto de pelo de onça, você perguntou se havia algum vestígio de onça na suposta mãe, um pouco de cauda, por exemplo, ao que foi respondido: "Nada. Era a minha mãe verdadeiramente".

Uma questão que isso suscita é se a expectativa é de que a onça-raptora se transforme completamente em forma humana ou não. O primeiro desses dois casos sugere que não (o pedacinho de rabo é a pista), mas o segundo relata que não havia traços residuais de onça (nenhum traço de cauda). E parece que não é só a onça-raptora que pode estar numa situação um tanto quanto difusa. Pelo menos os efeitos nas suas vítimas (corpos cobertos de pelo de onça) são apenas temporários ou podem ser remediados, pois os parentes, nesse segundo caso, conseguiram limpar o pelo da onça. Mas uma coisa que emerge muito claramente é uma preocupação com, e incerteza sobre, a pessoa, ou seja, a perspectiva a partir da qual o agente está vendo as coisas.

A: Eu não diria que as transformações são incompletas, mas que há sempre mais de uma perspectiva em jogo e eles deslizam de uma para outra. Sobre a aparência do corpo da onça-raptora, as experiências variam. Algumas pessoas me disseram que são totalmente humanas, outras puderam ver alguns traços de animalidade depois que suas perspectivas começaram a mudar, quando ouviram as vozes de seus verdadeiros parentes. Essa é também uma forma de me explicar que a situação envolve perspectivas em movimento, não fixas. O que temos são visões que se deslocam de um tipo de corpo para outro. Há de se considerar também que é evidente que a resposta que To'o me deu, afirmando que a sua mãe conseguia ver o rabo de uma onça, foi uma reação à minha pergunta. É como se ela quisesse dizer que, sim, no final, a sua mãe, depois de se juntar novamente aos seus verdadeiros parentes, já não partilhava a perspectiva da onça.

F: No caso descrito, as dramatis personae são a mãe de To'o (MT), To'o (T), a onça (O) e você (A). Parece não haver dúvidas de que MT reconheceu como macacos os macacos que o seu marido tinha abatido.

A: Sim, ela reconheceu. Mas, ao mesmo tempo, podiam facilmente ter acrescentado que ela estava com sede, desejosa de chicha, que era o sangue do macaco.

F: Você continua dizendo que, segundo T, a mãe dela (MT) bebeu o sangue de um macaco e o cuspiu rapidamente. O que foi cuspido?

A: Ela cuspiu o sangue, que era equivalente à chicha, enquanto MT fazia a tradução através do seu corpo, que, como eu disse, era um corpo duplo, ou seja, um corpo com uma dupla perspectiva, como são os corpos dos xamãs.

F: Você continua, dizendo que, ainda segundo T, o que ela e os outros viram não era sangue, mas restos de chicha. Você então observa que o que os Wari' veem como sangue, a onça vê como chicha, e depois desenvolve o seu ponto seguinte, que MT tem um corpo duplo, tanto humano (onde o sangue é sangue) como de onça (onde é chicha). Presumo que aqui você (A) fale enquanto antropóloga-observadora. Quando T lhe diz que o sangue foi cuspido como restos de chicha, você não acha que ela, por sua vez, está lhe dando, à antropóloga, uma glosa sobre o que aconteceu? Estaria T, na verdade, agindo como comentadora intermediária para lhe dar o seu próprio ponto de vista e o dos Wari', nomeadamente que os Wari' admitem que onde veem sangue, as onças veem chicha? Mas, então, por que é que T teria glosado o que saiu da boca da sua mãe como restos de chicha? Se T e os outros espectadores viram chicha sair da boca de MT, isso não significa que eles, os espectadores, ou pelo menos a própria T, começavam a partilhar o ponto de vista da onça?

A: Essa é uma pergunta muito interessante. Se as coisas seguissem uma lógica rigorosa, deveria ter sido como você disse. Mas não foi assim. A própria To'o não explicou muito sobre esse ponto. Ela comentava como a mãe parecia estranha. Nessa altura, eles não sabiam que ela estava se transformando em xamã. Estava tudo um pouco confuso. Ela apenas me disse que a sua mãe estranhamente gostava muito de sangue e que por isso ia atrás das presas cruas. Quando enfim a viram cuspir chicha (na verdade, restos de chicha, ou seja, a própria chicha tinha desaparecido), perceberam que ela tomava o sangue como se fosse chicha, como se fossem ambos (a mãe e os outros) humanos, apreciadores de chicha, mas humanos diferentes. O modo como os diferentes objetos se relacionam quando um xamã está curando alguém, é um ponto que vale a pena considerar. Ele (em geral os xamãs são homens) normalmente suga o corpo da pessoa e retira dele um objeto que mais ninguém consegue ver de fato. Ele diz "olha a flecha", e o que se vê é um pau. Ele traduz por palavras a equivalência entre objetos. MT traduzia através do seu corpo, talvez, e esse é um bom ponto, porque ela ainda estava num processo de transição para ter seu duplo animal estável, ou melhor, relativamente estável. Há também um detalhe importante a ser considerado: T não estava partilhando o ponto de vista da onça em geral, mas o ponto de vista da mãe, que é diferente. Sendo um parente próximo, ela tem acesso à visão da mãe, pois ainda a vê como sua mãe. Podemos dizer que partilhar a visão de alguém é um sinal da proximidade da nossa relação com essa pessoa, e isso se aplica não só aos outros seres humanos, mas também aos animais.

F: Por outro lado, quando T responde à pergunta sobre se a mãe dela se assustou ou não, MT diz (por T) que não se assustou, uma vez que ela — a onça — era um Wari', que aqui se glosou como "uma pessoa". Presumivelmente, só os Wari' contam como pessoas, o que parece ser outro exemplo de identificação incompleta ou híbrida (ou o que digo não faz sentido?).

A: T dizia que ela era Wari' para diferenciá-la da onça. É a única razão. Noutras ocasiões, ela certamente diria que as onças não são Wari'. Tudo depende do contexto das conversas. Não é uma questão de identificação incompleta ou completa, mas de ênfase na conversa, nesse caso T tentando se fazer entender por mim.

F: T estava obviamente relatando as coisas como elas eram, tanto para a mãe como para ela própria (não estava descrevendo sonhos ou alucinações, compreendo). Mas a questão que agora se coloca é: se você estivesse lá, o que teria visto e o que seus amigos esperariam que visse, uma vez que, sendo adotada por uma família Wari', tinha se tornado uma Wari', mesmo com um passado *wijam* (inimigo, branco)? O dilema do antropólogo?

A: Quanto ao que eles esperariam que eu visse se estivesse lá, acho que seria o mesmo que eles próprios. Numa ocasião dessas, eles me situariam, sem dúvida, no ponto de vista humano/ Wari'. Ficariam muito desconfiados de mim se eu visse apenas sangue. Se fosse esse o caso, eu seria definitivamente tida como uma *wijam* (inimiga), ou onça, e pode ser que tivessem medo de mim, especialmente porque não tenho os mesmos laços de parentesco que MT com T e os outros. Tenho certeza de que eu própria teria visto sangue, por isso estaria em apuros se dissesse isso em voz alta. Mas penso que o ponto importante não está relacionado a objetos isolados, mas sim à passagem de um para o outro. Exceto MT (que viu apenas chicha todo o tempo), todos viram o sangue transformar-se em chicha. O transformar-se é muito mais importante do que a chicha ou o sangue. Como quando os peixes se transformaram em larvas na continuação da história dela.

F: Para um historiador da Antiguidade é um pouco diferente. Compreendo e respeito os pontos de vista e os modos de vida dos outros, mas não sou diretamente desafiado a subscrevê-los ou não. Não tenho certeza de até que ponto suas trocas de impressões com seus interlocutores trouxeram à luz as diferenças de pressupostos ontológicos entre vocês. É uma questão delicada, sem dúvida. Mas, presumivelmente, nas relações deles com os missionários, os Wari' registravam essas diferenças com frequência, pois, ao contrário de você, os missionários estavam empenhados em convertê-los.

A: Como antropóloga, tento apenas deixá-los falar, sem interferir. Sei que as coisas me parecem estranhas, mas normalmente não exprimo o meu ponto de vista, embora ele transpareça nas minhas perguntas ingênuas, claro. Os Wari' sabem que não partilho o seu ponto de vista (pelo menos em relação a muitas questões), e que não vejo as coisas como eles, mas que estou interessada em aprender, que presto atenção, respeito. É isso que os missionários evangélicos não fazem. São explícitos quanto às suas diferenças e exprimem-nas através da crítica. Os Wari' costumavam dizer que, se eu ficasse lá mais tempo, ou melhor, se me casasse lá, partilharia completamente o seu ponto de vista.

F: As caudas residuais nas histórias de rapto me ajudam, porque denotam que há aquilo que chamei de transformações incompletas, evidentemente importantes quando os xamãs seguem os animais e se tornam animais, mas ainda são capazes de regressar para dar conselhos aos seus companheiros Wari'. Porém, é surpreendente que, quando você pergunta se havia um traço residual de onça, a resposta que obtém é um enfático não. Essa onça-humana não era apenas "exatamente como" a mãe, mas era "verdadeiramente" a mãe. Mas quando o irmão mais velho chamou, a mãe-onça desapareceu na floresta — o que eu presumo significar que ela voltou ao seu estado onça. No entanto, você me disse antes que, a dada altura da sua vida como xamã, MT deixou de seguir as onças para seguir os macacos-prego e, mais tarde, as cutias.

A: Como já disse, não creio que se possa falar em transformações incompletas. Mesmo os xamãs não são incompletos, mas instáveis, duplos, e é por isso que um vislumbre do corpo animal pode ser visto no corpo humano deles. É como se às vezes acontecesse um curto-circuito (imagem minha, não dos Wari') e os corpos e as visões se misturassem. Meu avô-onça, Orowam, costumava fazer sons de onça à noite, dormindo em casa com sua mulher (a humana). Ela me contava isso rindo. Era como o rabo da onça, uma mistura de corpos. No caso da onça relatado, o foco da instabilidade que eles querem enfatizar (em relação ao rabo da onça) não é o do corpo da onça, mas o da criança raptada, que voltava a ser uma pessoa real (parente de seus parentes), e não alguém que está se tornando uma onça. É isso que a observação sobre a cauda queria dizer. Antes da chegada dos parentes, a onça não tinha cauda, o que significa que a criança não podia vê-la, pois estava totalmente dentro da perspectiva da onça.

F: Tenho de insistir nisso. Como você já me disse, os Wari' têm um termo que significa "completo": *pin*. Acho que sugere que o fato de a transformação estar ou não completa é uma questão que os Wari' consideram importante. Não temos uma locução especializada para lidar com isso, temos? Isso pode parecer um aceno ao determinismo linguístico: a língua wari', pelo menos a gramática e a sintaxe, dita aspectos da sua visão do mundo ou mesmo do seu próprio mundo. Mas eu contra-argumentaria que isso não é mais do que a constatação óbvia de que a linguagem natural disponível induz (mas isso não significa que necessite de) certas saliências. A constatação é muito familiar nas discussões sobre os matizes da linguagem.

A: A completude (*pin*) e, por outro lado, o sentido de mais ou menos (*paxi*) são pontos interessantes, embora não tenham exatamente os mesmos referentes que os nossos termos. Às vezes, eles os usam para enfatizar uma afirmação, ainda que ela não envolva completude. Por exemplo: *wijam* (inimigo) *pin ma?*; "Você é completamente inimigo?" ou "Você se tornou completamente inimigo?" (como me disseram uma vez quando me esqueci de uma palavra wari' ao falar com eles). Ou podem dizer: *Wari' paxi ma*; "Você não é um verdadeiro Wari'. Você é mais ou menos Wari'. Pensamos que era Wari' mas não é".

Também usam *paxi* no que diz respeito ao parentesco. Comecemos pelo termo para parente: *nari*. E os parentes verdadeiros (parentes genealógicos próximos ou afins verdadeiros) são glosados como *iri' nari*; os outros são "mais ou menos" parentes, *nari paxi*. Paletó, que me adotou, dizia que nós dois éramos *iri' nari*, não *nari paxi*. Ele fazia isso para deixar claro que éramos parentes. Noutras ocasiões, ele poderia ter dito ao seu povo que eu e ele éramos *nari paxi* (se estivesse zangado comigo por alguma razão), ou mesmo que não éramos parentes, ou seja, que eu sou um *wijam*, inimigo. Quando dizem isso em relação a transformações de animais, enfatizam a estranheza do acontecimento. Como a mulher que fala da onça que se transformou em sua mãe. As suas palavras foram: *Na'* (minha mãe; a oclusão glotal ['] é fonêmica, o que significa que diferencia as palavras) *pin* (completamente) *na* (ele/ela, referindo-se à onça transformada), *iri'* (verdadeiramente) *na'* (minha mãe). Era completamente a minha mãe, minha mãe de verdade. O fato de a mãe de To'o ter notado uma cauda depois não significa que a transformação tenha sido incompleta, mas que a visão dela (da narradora) mudou durante o evento.

F: Os seus comentários sobre *pin* fazem sentido — é de esperar que o seu uso varie e que não haja necessariamente algum pressuposto subjacente sobre processos de transformação (no entanto, quando você diz que o interesse está na diferença entre uma onça verdadeira e uma falsa, eu adoraria saber como é que eles escolhem as falsificações, ou seja, o antônimo de *pin*).

A: Uma falsa onça é *kaji kopakao'*, que é como chamam os gatos domésticos. Não tem nada a ver com pessoas que se transformam em onça.

F: Toda essa discussão complica o quadro de forma interessante e suscita um novo desafio que eu não tinha visto antes. Vejamos uma cena com uma onça, o seu avô adotivo, a onça-xamã Orowam, outro Wari' — digamos o seu pai, Paletó — e você, em que o que você e Paletó veem é uma onça a beber o sangue de uma presa que acabou de matar. O que a própria onça vê é ela mesma bebendo cerveja. O que Orowam vê quando "oncifica" é a onça bebendo cerveja também, presumivelmente, pois Orowam agora tem olhos de onça. Mas será que a onça pode transformar-se num Wari'? Isso significaria que a onça teria olhos humanos. Mas então ela veria a bebida como sangue, não é? Ou será que os animais, quando se transformam naquilo que vemos como humanos, veem-se a si próprios como se estivessem transformando-se em suas presas — e nesse caso deixam de ser humanos, pelo menos durante algum tempo? É nesse momento que os animais causam doenças aos humanos?

A: Penso que o ponto a ser debatido é a relação entre as transformações e a realidade. De fato, tudo o que temos são relações. A onça se vê como humana. Então ela se aproxima de um humano, como Orowam (que na verdade se tornou um xamã-onça porque foi atraído por seu pai, que se tornou uma onça porque morreu comido por uma onça). Inicialmente, a onça vê Orowam como uma pessoa e o quer como companhia. Depois, ela o faz adoecer, cura-o e ele então se torna um xamã-onça. Às vezes, a onça vê o Wari' apenas como uma presa, um animal. Tudo depende da relação que o animal estabelece com o Wari'. Ser atacado por um animal tem sempre como resultado uma doença ou morte. Respondendo à sua pergunta específica, Orowam sempre verá as onças como pessoas e pode ou não ver o sangue que a onça está bebendo como chicha. Vai depender de como ele está posicionado, do lado dos Wari' ou do lado da onça. Ele pode ver os dois.

F: O que eu concluo disso é o seguinte. A "transformação" não é tanto algo que acontece ao corpo de uma criatura como a onça, pois a onça tem sempre o corpo que tem. Portanto, meu primeiro problema foi pensar que havia casos em que o corpo da onça mudava de fato. Ou será que tudo o que aconteceu foi apenas uma questão do que foi visto pelo observador humano? Estou pensando em ocasiões em que se coloca a questão de saber se o que parecia um humano tinha cauda de onça, era peludo ou o que quer que seja. O caso da mãe de To'o é particularmente marcante. Quando ela foi carregada pela onça-sobrinho, o seu corpo ficou coberto de pelo e, como você diz pouco depois, ela começou a ter dois corpos ao mesmo tempo. Portanto, não se trata apenas de uma questão de percepção, de visão, de ter certos (tipos de) olhos, mas (também) de uma questão daquilo que chamaríamos de mudanças físicas (embora pareça muito difícil saber se isso captura a existência de dois corpos diferentes ao mesmo tempo). Mas uma outra questão nesse conjunto de histórias é, de fato, a das diferentes percepções dos agentes em questão. O sobrinho verdadeiro e todas as outras pessoas que testemunharam a cena — exceto a própria mulher raptada — sabiam que a impostora era uma onça. No entanto, não se resolve a situação dizendo que era de fato uma onça. Pelo contrário, na continuação, To'o disse que a sua mãe não teve medo porque sabia que era um Wari' (gente). Isso mostra claramente que a própria mãe de To'o está agora na posição de onça (onde as outras onças são humanas), mas não haveria ainda alguma diferença entre ela e as outras onças? Ela passa por outras aventuras, mas depois de ser atacada por uma onça, cura-se dos ferimentos e regressa à sociedade Wari', agora como xamã. Ao mesmo tempo, de acordo com a sua narrativa a partir da própria To'o, essa parece ser mais do que apenas uma história de como a sua mãe se tornou xamã, o seu rito de passagem, pois To'o subscreve o relato das transformações do corpo da sua mãe. Portanto, essa é mais do que uma história da mudança de relação ou de perspectiva, mas sim de uma metamorfose, e é aí que ainda me sinto um pouco perdido. Como se diz em inglês, *I am not out of the woods quite yet*, ainda não estou totalmente às claras.

A: O seu argumento é muito relevante. Não é fácil falar sobre isso, talvez porque não dispomos de um vocabulário adequado. Em primeiro lugar, devo dizer que costumamos tomar o "corpo" como um objeto dado, facilmente traduzível e compreensível por qualquer cultura. Mas o que traduzo aqui por "corpo" é um conceito tão complicado como o é para nós a "alma". O nome Wari' para corpo é *kwerexi'* ("nosso corpo"). Embora inclua o que entendemos por corpo, ou seja, carne, ossos e órgãos, também significa inteligência, capacidades, pensamento, sentimentos, desejos, hábitos, que, como eu já disse, fazem parte do coração (*ximixi'*), ele próprio sendo um componente do corpo. Os seres que partilham hábitos, como os que partilham comida, caminham juntos na floresta ou dormem juntos, acabam por ter corpos semelhantes. É o que acontece com os casais após o casamento, quando uma pessoa é raptada ou quando os xamãs caminham e caçam com seus companheiros animais. Ao generalizar, os Wari' costumam dizer: *je kwerexi' pain ka Wari' nexi* ("nosso corpo — Wari' — é assim"). Isso pretende explicar que eles, como grupo, têm alguns hábitos ou comportamentos distintos. Há ainda uma complexidade extra a acrescentar a esse fato, pois sabemos que o duplo, *jamixi'*, se manifesta como um outro corpo, também com carne, ossos e inteligência. Em certo sentido, significa que, entre os Wari', há somente corpos por todo lado, cujas formas variam de acordo com o contexto relacional, ou seja, de acordo com as perspectivas dos observadores externos. No caso da mãe de To'o, ela via a onça como um humano com um corpo semelhante ao seu; seus parentes reais, por outro lado, viam (ou imaginavam) a onça como um animal. Os Wari' diriam que a mãe de To'o viu o *jamixi'* da onça, enquanto eles próprios viram o *kwerexi'* (corpo) da onça.

Agora, deixe-me explicar como é que ouvi essa história quando estava lá. Como antropóloga, fiquei fascinada, claro. Tentei não fazer perguntas para não interromper a narrativa. Havia também muitos Wari' escutando ao meu lado. Todos eles estavam mais interessados nas ações da mãe-onça (acariciar a criança para poder fazer sexo em paz com o parceiro que chegava, por exemplo) do que nas características corporais dos envolvidos. Segui-os, porque, ao contrário de mim, eles fizeram muitas perguntas durante a narrativa. O que entendi foi que sim, houve uma mudança corporal, mas não devemos considerar unidades, e sim os pares que elas formam. Não é a onça em si que está mudando, mas o par onça-mãe e filha. A pessoa raptada só viu a cauda quando ouviu os seus verdadeiros parentes a chamarem. Ela não viu a cauda antes disso: a onça era Wari', Wari' de verdade (*iri'*). Do ponto de vista dos Wari', era um falso Wari', é claro. Eles diriam que era Wari' *paxi*, "mais ou menos". Como aquelas imagens de gestalt em que se vê uma coisa ou outra e se alterna entre elas. A forma como To'o tinha de explicar isso era referindo-se a uma mudança no corpo da mãe (o da onça). Quando a mãe de To'o voltava para casa e cuidava dos filhos, ser onça era apenas uma possibilidade. Ela não tem corpo de onça, embora às vezes se diga que um xamã pode ter um segundo corpo atuando enquanto o seu corpo Wari' ainda convive entre seus parentes. É por isso que não traduzo o conceito Wari' de *jamixi'* como "alma" ou "espírito", pois não é algo que está lá, uma parte do eu, como é para (alguns de) nós. É um alter corpo potencial, um duplo, que pode vir a existir através dos olhos de outra pessoa. Pois bem, quando To'o viu a mãe correr até a presa do pai para beber sangue, não viu o corpo dela com pelo, mas viu um comportamento estranho, que faz parte do corpo da onça, considerando a definição alargada de corpo que acabamos de ver. Quando a pessoa raptada tinha pelos no corpo, era a prova visível de que ela havia sido afetada pela onça, ou seja, estava a tornar-se onça. Como se vê, há sempre pares ou grupos, não pessoas isoladas. Se a onça tivesse conseguido levá-la, a mãe de To'o não teria consciência do que lhe tinha acontecido, até porque ela nunca teria voltado para casa. Em vez disso, teria se tornado ela própria uma onça e viveria com as onças como humanos. Para os seus parentes Wari', ela estaria morta.

F: Essa troca entre nós me sugere que alguns dos problemas na compreensão dessas transformações podem ter origem na nossa utilização da palavra "corpo", com as suas associações e o contraste implícito com a palavra "alma". Você chamou a atenção para o alcance do termo wari' *kwerexi'*. Disse que não inclui apenas carne, ossos e órgãos físicos concretos. Pode referir-se à inteligência, aos sentimentos, hábitos, comportamento. Claro que podemos compreender com muito mais facilidade que uma única pessoa possa exibir padrões de comportamento radicalmente diferentes do que compreender que uma única pessoa possa ter dois corpos. Em seus relatos, com frequência é o comportamento o centro das atenções: agir de forma estranha, por exemplo, lamber folhas ou comer alimentos que não deveriam ser comidos. Nessas ocasiões, não é potencialmente enganador glosar o ocorrido dizendo que o corpo da pessoa em questão está sofrendo uma mudança física?

Permita-me acrescentar que, em seus comentários sobre *kwerexi'*, você fala bastante sobre a forma como o coração é entendido por eles e, nesse caso, o fato de, também no inglês vernacular, "*heart*" ser por vezes o órgão físico e por vezes uma questão de sentimentos (e, portanto, de comportamento), auxilia a nossa compreensão. Será que não poderíamos dizer que a expressão que você cita, *je kwerexi' pain ka Wari' nexi*, referindo-se a práticas e hábitos coletivos, é apenas a forma de eles falarem dessas práticas, sem as reduzir àquilo que chamamos de corpo? É claro que também nós, por vezes, explicamos o comportamento em termos de características físicas, como quando se diz que as pessoas são temperamentais ou quando costumavam ser diagnosticadas como fleumáticas ou melancólicas. Mas quando os Wari' falam de transformações, não seria necessário considerar que se referem a algo além de mudanças comportamentais? Agora é com você.

A: É importante esclarecer essa questão. Continuo a preferir chamá-lo "corpo" e lhe digo as minhas razões. A primeira é permitir que seja facilmente comparado com o nosso próprio conceito, permitindo aquilo que você chama de alargamento semântico. Ou para um claro contraste entre nós (os modernos) e eles (os Wari'). Mas a principal razão para manter a palavra é o fato de os Wari' nunca descartarem a forma, as características físicas, exatamente aquilo que chamamos de corpo. Uma mudança de hábitos não pode ser separada de uma mudança de forma. Por isso a mãe raptada viu um rabo (pois a onça estava voltando a ser onça, voltando ao seu corpo de onça aos olhos da mulher, mas não aos seus próprios olhos, pois a autopercepção da forma não mudou). O comportamento é forma, formato, sangue, carne. Portanto, é diferente do que significa para nós. Chamar de "comportamento" o corpo dos Wari' nos faz perder de vista a diferença entre eles e nós (euro-americanos urbanos), que é tão importante para os compreender.

F: Essa questão da tradução de *kwerexi'* tem uma implicação importante para o tipo de estudo que estamos propondo. Você prefere a tradução "corpo" pelas razões que apresenta. Ao mesmo tempo, salienta enfaticamente que o termo wari' também abrange a inteligência, a personalidade, o comportamento e até as perspectivas. Por conseguinte, nenhuma palavra inglesa será satisfatória por completo. Mas essa intraduzibilidade não implica ininteligibilidade. Pelo contrário, a principal lição que devemos tirar é não reduzir as categorias conceituais dos Wari' às nossas. As deles, de fato, nos oferecem a oportunidade de refletir criticamente sobre as nossas.

A: Essa é uma observação importante.

F: Se me for permitido levar mais longe um aspecto da minha dificuldade, o problema pode ser colocado desta forma. Normalmente, quando as onças estão fazendo seu trabalho, caçando ou o que quer que seja, na floresta, veem-se como humanos. Certo? Mas, como humanos, veriam as onças como onças.

A: Veriam os seus companheiros onças como humanos também; se refeririam a eles (eles falam a mesma língua que os Wari') como Wari', seres humanos.

F: Este talvez seja o ponto crucial. As onças *não* veem as outras onças como onças (embora os observadores humanos façam isso mesmo: para os humanos, as onças são onças — ainda que haja a possibilidade, não há, de que seja uma onça-xamã?). O fato de se verem a si próprios e às suas companheiras onças como humanos significa que, para as onças, a sociedade onça é igual à sociedade humana. Os Wari' dizem isso (diziam isso?) com base na autoridade de xamãs que se juntaram à sociedade das onças e podem atestar isso. Mas as onças, quando encontram humanos (refiro-me aos humanos humanos, não às suas companheiras onças), podem tratar esses humanos como presas a serem devoradas ou como possíveis companheiros. Mais uma vez, presume-se que os Wari' aceitem isso com base no que os seus xamãs relatam, e acredito que os Wari' comuns consideram que eles mesmos podem ter a possibilidade de experiências semelhantes às dos xamãs. Certo?

A: É uma forma de dizer. De fato, tratar os Wari' como presas ou como possíveis companheiros não se apresenta como uma opção dada às onças, na medida em que são duas visões sobre a mesma ação. Os xamãs-onças diziam que quando uma pessoa sofre um ataque de onça (de um animal visível), na verdade (aos olhos do xamã e aos olhos da própria onça) a onça é uma pessoa que age como caçador, com arco e flecha. O resultado é sempre a pessoa morta passar a fazer parte da sociedade da onça, e pode-se dizer que as onças atacam não para comer, mas para fazer as pessoas ficarem com elas, para criar um parentesco. A predação, do ponto de vista dos animais predadores, é fazer companhia. Cada evento tem várias explicações possíveis que não se excluem umas às outras.

6.
Como é que as coisas se tornam equivalentes?

F: Lá vamos nós outra vez, e desta vez também entraremos em algumas questões linguísticas complicadas. Você diz que a chicha de milho é sangue para a onça e lama para a anta. Chamaremos isso de A.

Eu esperava que o sangue fosse chicha para a onça e a lama fosse chicha para a anta. Chamaremos isso de B.

Num sentido muito lato, são equivalentes e, nesse caso, podemos dizer que é indiferente qual item se encontra na posição de sujeito e qual se encontra na posição de predicado. Ou será que não? Os seus relatos permitem saber o que a onça pensa sobre a perspectiva humana? Você tem muitos exemplos adoráveis do que os Wari' pensam, na verdade sabem, sobre a perspectiva da onça (como em B, onde "sangue" é uma fala da perspectiva humana, "chicha" é da perspectiva da onça). Mas será que surge a questão do que a onça vê quando vê os humanos beberem chicha (como uma leitura de A poderia sugerir)?

A: A ambivalência foi culpa minha. Como você disse, há uma questão linguística aqui. Os Wari' exprimem-se em relação à visão da onça desta forma (e isso também se aplica a outros animais ou a outros povos). Eles diriam: *Tokwa nain wik, kopakao'. Tokwa* significa "chicha"; *nain* é *na*, o pronome na terceira pessoa do singular + *in*, que marca o gênero neutro; *wik* é "sangue"; *kopakao'* é "onça". A tradução é: "a onça refere-se a sangue como chicha". No início da frase, *tokwa* é um vocativo: "Chicha! — diz a onça, referindo-se ao sangue".

Isso também se pode dizer dos termos de parentesco: *Te inon* Paletó. *Te* é o vocativo de "pai"; *inon* é o pronome da primeira pessoa do singular (*ina*) + *on*, que marca o gênero masculino: "Eu chamo Paletó de pai" ou "Eu digo pai quando me refiro a Paletó". O complemento é: *Arain na pa'* Paletó. *Arain* é "meu filho(a)"; *na* é o pronome da terceira pessoa do singular (ele, Paletó); *pa'* é o reflexivo, "para mim". "Paletó me chama de filha." Se alguém me perguntar: "vocês são parentes?", posso responder que o chamo de pai ou que ele me chama de filha.

Quanto à perspectiva do animal sobre os Wari', por vezes eles a elaboram, outras vezes não. Normalmente, esse tipo de perspectiva inversa é elaborada quando alguém está narrando um acontecimento, ou um mito, que envolve as ações de um humano-animal em relação a uma pessoa. Mas a perspectiva do animal costuma ser apenas uma questão visual: sabe-se que a onça vê o sangue como chicha porque bebe sangue. Eles não vão além, como fazem com a perspectiva dos Wari' sobre a onça. Mas eles sabem que as onças sabem como os Wari' veem o mundo. Alguns mitos de outros povos indígenas que foram incluídos nas Mitológicas de Lévi-Strauss mostram isso.[1] O animal que rapta um humano tenta evitar, por exemplo, que o humano beba ayahuasca enquanto vive entre eles, porque se o humano o fizer, verá os animais como animais e não mais como pessoas. Esse é o caso da anaconda nos mitos dos povos de língua Pano. Que eu saiba, não existe um mito semelhante entre os Wari'.

1 Claude Lévi-Strauss, *O cru e o cozido*, v. 1; *Do mel às cinzas*, v. 2; *A origem dos modos à mesa*, v. 3; *O homem nu*, v. 4. Trad. de Beatriz Perrone-Moisés e Carlos Eugênio Marcondes de Moura. São Paulo: Cosac Naify, 2004-11. (Mitológicas).

F: O que é que leva ao desenvolvimento de uma noção de que A pode ser "equivalente" a B? Onde se situa a fronteira entre os casos em que isso é possível e aqueles em que é impensável que um determinado A possa ser substituído por um determinado B? A questão subjacente a que me refiro é a diferença entre comunicações e entendimentos comuns (em que há pouca ou nenhuma dúvida sobre o que está sendo transmitido) e ocasiões em que há questões importantes em jogo, talvez relacionadas a poderes e influências ocultas. Todos nós tentamos dar sentido à experiência, embora tenhamos ideias diferentes sobre em que consiste essa experiência e o que significa "dar sentido" a ela. O livro de Kopenawa e Albert[2] que você me deu me mostrou que Kopenawa tinha uma ideia muito clara das respostas a essas questões, e penso, pelo que você diz, que Paletó também tinha. Passamos de uma antropologia dos povos para uma antropologia dos antropólogos. Os membros dos departamentos de antropologia, ou departamentos de história e filosofia da ciência não têm o monopólio da articulação sobre o tema, embora não sejamos conhecidos pela nossa humildade.

A: Sobre a equivalência entre A e B, poderíamos dizer que os Wari' têm uma espécie de "dicionário multiespécies" para certos assuntos. Assim, todos sabem que sangue é chicha para a onça e lama é chicha para a anta, porque muitas histórias e mitos falam sobre isso, deixando clara a equivalência. Também é sabido que a nossa paca é um mamão para a onça. Os outros itens são sujeitos a discussões e elucubrações. Eles se baseiam nas histórias contadas pelos mais velhos, que não têm um conhecimento formalizado, mas sim experiências. É a partir das

2 Davi Kopenawa e Bruce Albert, *A queda do céu: Palavras de um xamã yanomami*. Trad. de Beatriz Perrone-Moisés. São Paulo: Companhia das Letras, 2015.

experiências relatadas e dos mitos (tidos como experiências remotas) que eles constroem essa equivalência. No entanto, tudo é instável e pode mudar em função de novas experiências (que hoje, dado que são cristãos, já não acontecem, então eles sempre voltam às experiências passadas). A pode ser B quando relativo a uma determinada experiência, mas pode ser C relativamente a outra. Uma pessoa raptada aprenderá novas equivalências durante o tempo que passar com o animal. Pelos relatos que ouvi, o público parece ficar sempre surpreso com novas equivalências. "Ah, então é isso!", costumam dizer.

A questão é que eles nunca acharam necessário formalizar esse conhecimento, mantêm-no flutuante, colocam toda a ênfase na experiência particular, nos pormenores, nos sentimentos e nas visões do narrador. É um conhecimento flutuante, e as coisas podem ser equivalentes umas às outras, ou não. Se não coincidem, pode ser que digam: "Oh, aquela onça (específica) é estranha!".

F: Existe alguma diferença entre "ser" como essência e "ser" como estado temporário (os verbos espanhóis e portugueses *ser* e *estar*)? Voltamos às ambivalências que qualquer afirmação "A é B" pode conter. "*Is*" é complicado em inglês e os gregos antigos passavam dias e dias separando (ou falhando em separar) aquilo que chamamos de identidade, o predicativo e seus usos existenciais. "2 + 2 *são* 4" é uma afirmação de identidade (embora você tenha apontado em alguns dos seus artigos[3] que pode ser que envolva mais do que mera aritmética). "Sócrates *é* alguém que tem nariz arrebitado" é um predicativo.

3 Aparecida Vilaça, "O diabo e a vida secreta dos números: Traduções e transformações na Amazônia". *Mana: Estudos de Antropologia Social*, v. 24, n. 2, pp. 278-300, 2018; e Id., "A Pagan Arithmetic: Unstable Sets in Indigenous Amazonia". *Interdisciplinary Science Reviews*, v. 46, n. 3, pp. 304-24, 2021.

"Sócrates *é*" é uma afirmação existencial (que já não é verdadeira). E a essa análise outros acrescentaram mais, por exemplo, o locativo, ou seja, afirmações que informam sobre a posição de um item (há um livro denso de Charles Kahn[4] sobre isso), com alguns estudiosos impactados pela sensação esmagadora das confusões gregas (para não falar das nossas próprias), enquanto outros saúdam o que consideram ser clarificações triunfantes. Também há bastante literatura, claro, sobre as diferenças que já existem nas línguas românicas no que diz respeito à predicação, à existência e à cópula em geral.

A: Quanto a esse tipo de diferença (entre ser e estar), tanto quanto sei, os Wari' não a fazem da mesma forma. Eles têm um verbo equivalente a "existir": *ma'*. Como na frase: *Ma' na hwam*, "Há peixes" ou "existem peixes". Diz-se isso quando, por exemplo, se fala de um local de pesca, ou do resultado de uma expedição de pesca. Posso chegar à casa de alguém e perguntar: *Ma' na hwam?* Ou, no estilo wari', posso preferir dizer através da forma negativa: *Om na hwam?* (*om* é "não", "não existe"), e a pessoa pode responder: *Ma' na* ("existe"; "há").

Um Wari' nunca dirá algo como "eu existo". Quando me telefonam, podem perguntar: *pe wet ma? Pe* é "estar num lugar"; *wet* é "ainda"; *ma* é o pronome da segunda pessoa do singular. A tradução poderia ser: "Você ainda está aí [no Rio]?". Isso poderia significar: "Oh, você ainda está viva, embora não nos dê notícias". Nunca vão me perguntar algo do gênero: "Está viva?". É totalmente indelicado. Embora eles tenham uma palavra para isso, claro: *e'* significa "estar vivo".

Eles diriam, por exemplo, sobre o xamã-onça Orowam: *Kopakao' na Orowam. Na* é o pronome da terceira pessoa do singular. "Onça ele Orowam." As pessoas poderiam dizer sobre

4 Charles H. Kahn, *The Verb "Be" in Ancient Greek*. Dordrecht: Reidel, 1973.

Orowam: "*Kopakao' ina, na Orowam*". *Ina* é o substantivo da primeira pessoa do singular; *na* é o pronome da terceira pessoa do singular. A tradução livre é: "Eu sou uma onça, diz Orowam". Normalmente preferem a última frase quando a afirmação é algo sobre o qual se pode ter dúvidas. Por isso, nomeiam a fonte da afirmação. Todas as suas narrativas sobre acontecimentos em que o narrador não participou são dadas nesse modo indireto. Poderiam também dizer sobre Orowam: "*Jamu pin na Orowam; kopakao' pin na*", que poderia ser traduzido como: "Orowam transformou-se (*jamu*) completamente (*pin*). Ele é completamente (*pin*) uma onça". Também poderíamos dizer: "Orowam oncifica", tal como mencionou antes.

Especificamente sobre as transformações, eles poderiam dizer, por exemplo: "*Kopakao' paxi na Orowam, kataxik pin na*". *Kopakao'* é "onça"; *paxi* é "mais ou menos", "no passado" ou "não mais"; *na* é o pronome da terceira pessoa do singular; *kataxik* é um caititu (uma espécie de porco selvagem); *pin* é "completamente". A tradução poderia ser: "Orowam era uma onça, mas agora é um porco selvagem". Orowam, como xamã, pode decidir que animal quer seguir e, como eu disse, estar junto com alguém (pessoa ou animal) envolve, como consequência, a transformação do corpo (no sentido mais amplo, que inclui não só a partilha de hábitos, gostos e comida, mas também a perspectiva do mundo). Se eu tivesse perguntado a Orowam sobre isso, ele poderia ter dito que, do seu ponto de vista, todas as espécies, tal como os humanos, lhe parecem iguais. Esse é outro ponto interessante. Geralmente, quando tentam caçar, os xamãs sentem-se incapazes de disparar, pois só veem seres humanos. Quando ainda estão aprendendo, ou no início da sua iniciação, os xamãs poderiam dizer que veem os animais se transformando rapidamente: uma anta se transforma em um queixada, que se transforma em um macaco, e assim por diante. Ambas são formas diferentes de dizer a mesma coisa: todos os animais capazes de se transformar, *jamu*, são equivalentes na perspectiva do xamã.

F: Suponho que algumas histórias sugerem que o próprio "xamã" é, até certo ponto, uma posição em aberto e que existe um espectro, por assim dizer, quase profissional, atrevo-me a dizer, de alguém que passa pela estranha experiência xamânica.

A: Exatamente. Como lhe disse, os principiantes costumam ver os animais se transformando rápido uns nos outros. Considerando que qualquer transformação se refere a um par (ou a uma multiplicidade), não a um indivíduo, o principiante se transforma junto com os animais. Há relatos de homens que foram xamãs por apenas um dia, só porque se relacionaram com um animal como se fosse um humano. Geralmente essa pessoa, depois, fica doente e tem que ser curada por um xamã, que conversa com os animais, pedindo que deixem seu parente (o futuro xamã) em paz.

7. O xamanismo é um tipo de doença?

F: Você fala das mudanças de perspectiva entendidas como mudanças de corpos, por onde os xamãs circulam rápido, mas as pessoas comuns correriam o risco de não conseguir voltar. A visão instável do xamã era tratada quase como uma doença? Até que ponto a experiência dele se reflete na de outros "aprendizes de xamã"? Seria certamente demasiado simples dizer que aqueles que se tornam xamãs eram todos forasteiros ou fracassados.

A: Penso que posso responder sim a ambas as perguntas. Sim, no início é uma espécie de doença. O xamã é de fato alguém que ficou doente (foi atacado por um duplo animal) e não foi curado por outro xamã (mas pelos próprios animais). Dizem que um xamã, por definição, é alguém com uma visão estranha. Normalmente, ela se torna mais estável ao longo da vida de um xamã. Os xamãs não são forasteiros ou fracassados. São membros de pleno direito da sociedade, têm família, cultivam, participam das festas. Não costumam ser bons caçadores, pela razão que acabei de dizer.

8. Existem objetos na ausência de perspectivas?

F: A pergunta que isso suscita é a seguinte. A língua wari' marca alguma diferença nos tipos de narrativas que relatam diferentes perspectivas? Por um lado, alguns dos problemas parecem ser problemas de tradução (do falar wari' para o falar da onça para o falar da anta e assim por diante, e vice-versa). Por outro lado, você afirmou que não se trata tanto de questões de tradução, mas sim de transformação — através dos corpos dos seres em causa, como no caso de To'o. É apenas a linguagem (ou a perspectiva) que muda? Ou são os próprios objetos que mudam? Ou não há "objeto" sem perspectiva? O que, de um ponto de vista ocidental ou moderno, significaria que, a princípio — pois partimos do princípio, não é verdade? —, objetos podem existir independentemente das perspectivas sobre eles.

Posso observar que parte da concentração nas discussões sobre mundos unos versus plurais não ajuda. Não se trataria tanto de ontologias diferentes (como em Descola[1] ou nos estudos de Viveiros de Castro),[2] mas da distância entre ter uma

1 Philippe Descola, *Para além de natureza e cultura*. Trad. de Andrea Daher e Luiz César de Sá. Niterói: Editora da Universidade Federal Fluminense, 2023. 2 Eduardo Viveiros de Castro, "Os pronomes cosmológicos e o perspectivismo ameríndio". *Mana: Estudos de Antropologia Social*, v. 2, n. 2, pp. 115-44, 1996; Id., "A antropologia perspectiva e o método de equivocação controlada". *ACENO*, v. 5, n. 10, pp. 247-64, ago./dez. 2018; Id., *Metafísicas canibais*. São Paulo: Ubu, 2018; e Id., *The Relative Native: Essays on Indigenous Conceptual Worlds*. Chicago: University of Chicago Press, 2015.

ontologia e não ter uma. A ausência de objetos não é tanto uma ontologia alternativa, mas a rejeição de ontologizar desde o princípio. O problema da modernidade (e da Antiguidade grega, aliás) seria que ela pressupõe objetos desde o princípio. O que seria uma conclusão estranha, dado que os antropólogos situaram o problema não na ontologia, mas na epistemologia!

A: Eu diria que, para os Wari', não existe objeto sem perspectiva. No entanto, esse fato não é explícito no cotidiano. As pessoas não pensam nisso quando não há doença ou risco ou intervenções xamânicas. Assim, poderíamos dizer que, por vezes, os objetos são apenas coisas fixas, embora outras vezes elas tenham de considerar que outro ser está olhando para certo objeto de forma diferente e, então, ele se torna apenas uma perspectiva.

F: É possível dizer que o corpo da onça original pode, de alguma forma, superar a visão de sua aparência humana?

A: Como eu já disse, não é o corpo que muda, como, por exemplo, um super-herói de quadrinhos, em que se vê o corpo se transformando, explodindo, mudando (inclusive ganhando uma capa de super-herói). É a pessoa raptada que muda a sua visão e que, por razões específicas (como não ser bem tratada pelos seus verdadeiros familiares), vê erradamente a onça como uma pessoa. Vou explicar melhor falando de um acontecimento que presenciei. Aconteceu nos meus primeiros meses de trabalho de campo. Eu e meu irmão adotivo Abrão (filho de To'o e Paletó) estávamos conversando com o xamã-onça Orowam, a quem chamávamos de avô. Eu lhe fazia muitas perguntas sobre os duplos humano-animal e Abrão servia de intérprete, pois naquela época eu não dominava a língua wari'. Após alguns minutos de conversa, Orowam começou a coçar os olhos com as duas mãos. Sem saber o que isso significava, ingenuamente continuei a falar. Mas Abrão reagiu no mesmo instante, virando-se para Orowam e dizendo: "Avô, estes somos nós, seus netos. Nós somos Wari'". Depois que saímos, Abrão me explicou como a situação era arriscada: Orowam não conseguia ver "direito", estava nos tomando por presas. Ele ia saltar em cima de nós, disse Abrão, mas, por sorte, ouviu o que Abrão disse e reconsiderou (tomando-nos por seus netos). Nem eu nem Abrão vimos qualquer mudança em seu corpo; ele era completamente igual ao nosso avô, como A'ain Tot disse sobre a mãe-onça que a raptou. Mas Abrão era capaz de entender que sua visão (como Orowam via as coisas e as pessoas) estava ficando confusa, misturada, fora de foco, e que por isso ele estava coçando os olhos. Era como se, tal como no caso da mãe de To'o, os seus diferentes corpos, manifestados em diferentes perspectivas, estivessem misturados. Melhor do que misturados, poderíamos dizer que se alternavam rapidamente, como os fotogramas de um filme. Abrão disse uma vez que a visão dos xamãs é como as imagens vistas na televisão.

F: Isso é útil, uma vez que, nesse caso, as transformações em questão não envolvem a metamorfose do corpo da onça do ponto de vista de ninguém. Pelo contrário, é o comportamento de Orowam que indica que foi a sua perspectiva que mudou.

A: Penso que ambos os episódios relativos à mãe de To'o e a Orowam sugerem que a forma como vemos um corpo, a forma do corpo como uma característica isolada, não nos diz tudo o que precisamos saber sobre o tipo de pessoa com quem nos deparamos. O comportamento é parte do corpo, indissociável da forma como uma pessoa se apresenta a outra. Se perguntarmos a Abrão, por exemplo, o que aconteceu com Orowam na nossa frente, ele vai dizer que Orowam era uma onça. Com isso, não quer dizer que ele (Abrão) viu um corpo de onça, com o pelo manchado, mas que, sabendo previamente que Orowam era um xamã-onça, entendeu que a maneira estranha como ele nos olhava significava que não estava mais nos vendo como pessoas Wari'. A conclusão óbvia será que ele não era uma pessoa (do nosso ponto de vista), mas sim uma onça.

Vou dar outro exemplo. Uma vez perguntei a Orowam se podia filmá-lo falando sobre suas companheiras onças. Posicionei-me à sua frente com a minha câmera. Quando ele começou a falar, muitas pessoas nos rodearam. De repente, passou a olhar para o seu lado esquerdo e falar muito baixo com alguém que eu não conseguia ver. Mantive a minha posição, mas todos os Wari' correram para o outro lado, esvaziando a área à sua esquerda. Quando ouvi as mulheres gritarem aos filhos para correr, percebi que as suas companheiras onças estavam lá, embora eu não as conseguisse ver. Os Wari' também não conseguiam, mas sabiam o que estava acontecendo. Continuei filmando. Orowam começou a falar comigo, depois com as onças e depois comigo de novo, relatando o que as onças diziam. Uma das coisas que lhe disseram foi que ele devia me pedir uma indenização por ter me deixado filmá-lo. Eu concordei, claro. Depois me disse que estava explicando às onças que eu era a sua neta, uma verdadeira Wari'. Ele disse isso porque as onças estavam me vendo como uma presa e estavam prestes a atacar. Nesse momento, Orowam tinha seus dois corpos, ou melhor, suas duas perspectivas, alternando-se rapidamente, onça-humana-onça-humana.

F: Mais uma vez, isso é útil na medida em que mostra que a forma como as pessoas se comportam é fundamental. Mas ainda resta um problema, porque se os corpos não mudam, como é que se explica o acontecimento que Paletó lhe contou, em que o homem raptado por uma anta conseguiu regressar à sua aldeia? Ele não apenas continuou agindo de forma estranha, comendo alimentos não comestíveis, mas, como você relatou, o próprio corpo dele mostrou sinais do corpo da anta (os joelhos tortos)?

A: Nesse caso, a dupla identidade manifestou-se claramente num corpo misto, embora tenhamos de nos lembrar que "corpo" abrange mais do que apenas carne e ossos. É equivalente à cauda que a mãe de To'o viu no seu sobrinho-onça. É uma expressão corporal de uma dupla perspectiva, não só da pessoa-animal, mas também dos seus familiares, que viam a onça como um animal. Como eu disse, as transformações devem ser tomadas em pares. É sempre um jogo complexo de perspectivas. Os joelhos tortos são manifestações do seu contínuo comportamento estranho.

F: E depois, no modo humano deles, as suas percepções seriam as mesmas que as nossas, não é verdade? Em ambas as fases da história de To'o, a onça na selva e a onça transformada, o que eles veem *qua* humanos é, ou deveria ser, o que *nós* vemos. Presumo que me enganei em algum ponto.

A: Acho que seria melhor dizer humanidades em vez de humanidade. A onça *é* humana, mas de outro tipo, porque tem hábitos diferentes, que tornam o seu corpo diferente dos corpos Wari'. Embora os acontecimentos possam variar muito, os Wari' diriam que a onça sempre se vê como os humanos se veem. Mas, exatamente por isso, ela (a onça) em geral não vê os Wari' como humanos, pelo menos não como humanos do mesmo tipo que ela, a onça-humana. Não se trata apenas do corpo físico, mas das maneiras, das companhias, das escolhas alimentares, dos hábitos. Como eu disse, o corpo é um conceito muito mais amplo para eles do que para nós. Então, a transformação é uma mudança de hábitos, de modos. Os Wari' definem os seres humanos como pessoas com aquilo que chamamos de cultura, especificamente cultura wari'. Todos preparam sua comida, têm família, fazem o mesmo tipo de festa, falam a mesma língua. Assim como a onça que raptou a mãe de To'o e A'ain Tot. Falou com cada uma delas na língua wari', ocupou-se de alimentá-las, fazer sexo, apanhar frutos. Todas as coisas que os Wari' fazem eles mesmos. A diferença é que, do ponto de vista dos Wari', as onças misturam as coisas. Olham para o sangue e chamam de chicha. São humanos porque gostam de chicha e são onças, ou seja, outro tipo de humanos, porque o que eles veem como chicha é sangue. Havia histórias sobre um Wari' que encontra uma pessoa desconhecida na floresta, e essa pessoa convida-o a beber chicha. O Wari' aceita com prazer e tudo parece perfeitamente normal até que a chicha é oferecida e o Wari' olha para ela e percebe que na verdade é sangue. Normalmente, a pessoa tenta fugir porque percebe que quem oferece a chicha é uma onça. Não porque vê uma cauda ou pelo, mas porque sabe (através de mitos e narrativas) que o tipo de humano que bebe sangue é uma onça.

F: Enganei-me ao presumir que as próprias onças se transformavam. A transformação mais importante está na visão que certos humanos têm de quem encontram e de como esses outros provavelmente vão se comportar. No entanto, se eu voltar a analisar os dados, há transformações que não são apenas uma questão de mudança da visão de alguém. E assim por diante.

A: Você não acha que todo o mal-entendido entre nós se deve ao fato de continuarmos a considerar os corpos através da forma como pensamos sobre o nosso próprio corpo? Entidades fixas que podem sofrer alterações na sua forma devido a doença, vestuário, cirurgia ou envelhecimento, e que isso é necessariamente algo que a própria pessoa pode ver, assim como outras pessoas. Trata-se de algo visível para qualquer pessoa que não esteja incapacitada, quer objetiva quer subjetivamente. É uma "realidade" que existe independente das relações que se vive. Entre os Wari' é mais sutil, mais relacional. Os corpos, de certa forma, às vezes são capazes de mudanças bruscas, não como perder uma perna, mas como se tornar um animal. Você não acha que é o nosso viés científico ocidental que está subjacente a essas questões? E se um corpo for outra coisa? Será que temos de redefinir o que é um corpo?

F: Não estou tão certo de que uma nova definição (de corpo) seja aquilo de que precisamos, pois no início de uma investigação isso tem o efeito de a colocar numa camisa de força. Mas é evidente que o que é considerado uma transformação é uma questão complexa, ou (estou agora inclinado a dizer) um complexo de questões. A mudança de relações é um fator comum a todos: mas por vezes (talvez nem sempre) há mudanças físicas, bem como mudanças nos modos de percepção.

Não podemos abordar o "corpo" sem a "transformação", o "processo" e a "agência", como você tem insistido, nem podemos abordar a "saúde e a doença" sem o "processo", a "transformação" e o "corpo". Isso introduz uma complexidade considerável e, de fato, instabilidade na nossa discussão. Mas eu vejo isso como uma vantagem, como fonte de maior percepção e de uma revisão mais profunda, que é o que concordamos ser um dos nossos objetivos principais.

Aqui parece possível e necessário fazer justiça não apenas a certas semelhanças, mas — como você insiste — a divergências muito acentuadas entre diferentes concepções que podem estar em jogo. O contraste entre uma suposição de que o "corpo" deve indicar o que é estável e a visão de que os corpos são inerentemente instáveis é, óbvio, crucial. Temos de agradecer aos Wari' por alguns registros importantes dessa instabilidade.

Posso trazer aqui Heráclito e não apenas Zhuangzi, mas todos os escritores chineses que reconhecem o papel do *qi* ("respiração" ou "energia") como a origem sempre mutável e indiferenciada de toda e qualquer diferenciação.

Atualmente, o *qi* não costuma ser traduzido, mas transliterado, porém, os leitores devem conhecer o seu alcance semântico. Veja Nathan Sivin no nosso livro *The Way and the Word* [O caminho e a palavra][3] (no qual persistiu em usar a transliteração antiquada *ch'i*):

> O termo intraduzível *ch'i* foi usado antes do ano 300 a.C. para uma multiplicidade de fenômenos: ar, respiração, fumo, névoa, nevoeiro, as sombras dos mortos, formas de nuvens, mais ou menos tudo o que é perceptível, mas intangível; as vitalidades físicas, quer inatas, quer derivadas da comida ou da respiração; forças cósmicas e influências climáticas… que afetam a saúde; e agrupamentos de estações, sabores, cores, modos musicais e muito mais. O *ch'i* podia ser benigno e protetor, como era aquele próprio do corpo humano, ou, ao contrário, patológico, um agente intangível de doença.

A isso acrescenta-se: "O yin-yang e as cinco fases tinham, no final do século I a.C., um carácter consistente e dinâmico como parte do complexo *ch'i*. Qualquer coisa composta de ou energizada pelo *ch'i* é yin ou yang, não absolutamente, mas

3 Geoffrey E. R. Lloyd e Nathan Sivin, *The Way and the Word*. New Haven, CT: Yale University Press, 2002, p. 196.

com referência a algum aspecto de um par ao qual pertencia e em relação ao outro membro do par".[4]

Nas histórias cosmogônicas chinesas (como no capítulo 3 do *Huainanzi*), a princípio as coisas são totalmente indiferenciadas. Depois começam a diferenciar-se, e isso é uma questão de separação do *qi* puro, brilhante e quente (que se torna o céu) do *qi* pesado, turvo e frio (que se torna a terra).

Em contextos médicos, fala-se de um *qi* associado a diferentes partes, ou melhor, funções do corpo: *qi* do coração, *qi* do fígado, *qi* dos pulmões, baço, rins e assim por diante, bem como o *qi* associado à água, à terra e assim por diante. Existe uma tabela sobre isso no livro de Elisabeth Hsu, *Pulse Diagnosis in Early Chinese Medicine* [Diagnóstico de pulso na medicina chinesa antiga].[5] As transformações estão ocorrendo constantemente, sendo essa uma parte importante do diagnóstico chinês e, por conseguinte, também da terapia.

Mas depois o tema das transformações dos animais é mais desenvolvido em relação às discussões chinesas sobre a boa governança, o ideal do governo sábio. Um dos meus colegas sinólogos de Cambridge, Roel Sterckx, escreveu um excelente artigo sobre esse assunto, intitulado "Transforming the Beasts: Animals and Music in Early China" [Transformando as feras: Animais e música na China antiga], na revista *T'oung Pao*.[6] Sterckx chama a atenção para a diferença entre o discurso chinês sobre os animais e a zoologia de Aristóteles (embora, evidentemente, outras discussões greco-romanas sobre os animais partilhem as preocupações chinesas com questões morais e políticas), e também reúne uma boa quantidade de

4 Ibid., pp. 198-9, em tradução livre. 5 Elisabeth Hsu, *Pulse Diagnosis in Early Chinese Medicine: The Telling Touch*. Cambridge: Cambridge University Press, 2010. 6 Roel Sterckx, "Transforming the Beasts: Animals and Music in Early China". *T'oung Pao*, v. 86, pp. 1-46, 2000.

material sobre os pressupostos chineses acerca das transformações em geral.

Num artigo em que colaborei para uma edição especial de 2007 do *Journal of the Royal Anthropological Society*,[7] discuti até que ponto o conceito grego de *pneuma* se assemelhava ou divergia do *qi* chinês, salientando ao mesmo tempo que os gregos discordavam entre si. Uma linha de pensamento considerava que o problema era: será o *pneuma* um elemento equivalente à terra, à água, ao ar ou ao fogo? Mas os gregos tinham muitas vezes tendência a deturpar os seus opositores, sobretudo os estoicos, que viam os princípios cosmológicos fundamentais não como substâncias, mas como processos de interação; os princípios ativos e passivos, como os chamavam.

É evidente que as múltiplas ressonâncias do *qi* têm implicações para as concepções chinesas do corpo, porém, há ainda o termo *ti*, que pode ser igualmente utilizado nesse contexto. É um dos vários termos utilizados para falar do corpo humano (Sivin[8] e Sommer[9] os discutem), mas também para designar entidades incorpóreas, incluindo figuras geométricas. Nos clássicos da matemática, é usado na discussão sobre a convergência de polígonos regulares inscritos para a circunferência do círculo: o famoso problema de saber se essa convergência é alguma vez completa (discuti esse assunto em *Adversaries and Authorities*).[10] Isso é um lembrete de que o alcance da pauta de reflexão sobre questões-chave varia, dentro de limites, entre as nossas várias culturas em foco. Seus estudos detalhados sobre

7 Geoffrey E. R. Lloyd, "Pneuma between Body and Soul". *Journal of the Royal Anthropological Society*, v. 13, pp. S135-46, 2007. **8** Nathan Sivin, "State, Cosmos and Body in the Last Three Centuries B. C.". *Harvard Journal of Asiatic Studies*, v. 55, pp. 5-37, 1995. **9** Deborah Sommer, "Boundaries of the 'Ti' Body". *Asia Major*, v. 21, n. 1, pp. 293-304, 2008. **10** Geoffrey E. R. Lloyd, *Adversaries and Authorities*. Cambridge: Cambridge University Press, 1966, p. 154.

as capacidades matemáticas de populações indígenas como os Wari' abordam esse problema.[11]

Como eu já disse anteriormente, o termo grego padrão para "corpo", *sōma*, começa por significar "cadáver". Foi preciso algum tempo para que fosse utilizado de forma mais geral para designar o que é corpóreo. Entretanto, para falar de "matéria" (em oposição à forma), o termo *hylē* foi recrutado, embora o seu sentido original fosse simplesmente "madeira". Os gregos também usavam o termo *stereon* para "sólido", que podia ser aplicado a objetos tridimensionais, mas incorpóreos, aquilo que ainda chamamos de sólidos (geométricos). (No *Timeu* de Platão, esse deslize entre a tridimensionalidade e a corporeidade desempenha um papel fundamental ao levá-lo da geometria pura dos seus elementos atômicos para os constituintes do universo físico.)

A: Parece-me que as ideias de fluxo e de emparelhamento instável são uma característica marcante das ontologias chinesas, muito mais do que entre os gregos. Não tenho razão? Nesse sentido, os conceitos chineses parecem estar mais próximos de alguns conceitos amazônicos. Lembro-me que Lévi-Strauss, na sua coleção de ensaios sobre o Japão, fez vários paralelos entre a Amazônia indígena e o Extremo Oriente. Alguns têm a ver exatamente com a fluidez.[12]

F: No entanto, ele generalizou demais. Nem os japoneses nem os chineses devem ser tratados como entidades homogêneas, e muito menos como entidades que possam ser consideradas estáveis ao longo dos séculos.

11 Aparecida Vilaça, "A Pagan Arithmetic: Unstable Sets in Indigenous Amazonia". *Interdisciplinary Science Reviews*, v. 46, n. 3, pp. 304-24, 2021.
12 Claude Lévi-Strauss, *A outra face da lua: Escritos sobre o Japão*. Trad. de Rosa Freire d'Aguiar. São Paulo: Companhia das Letras, 2012.

9. Por que alguns animais não são capazes de se transformar?

F: Deixe-me voltar atrás. A "transformação", para os Wari', parece envolver a capacidade de ter a visão de outra criatura, os seus olhos, se não o seu corpo como um todo. Os xamãs são dotados da capacidade de ter olhos de onça quando são as onças que eles seguem, e assim analogamente com outros tipos de animais que os xamãs seguem ou com os quais comem. Mas as observações que você faz sobre as espécies que não se transformam (macacos-aranha) sugerem que há limites para a aquisição de olhos e corpo de outras criaturas. Quer dizer que um macaco-aranha (por exemplo) vê sempre a sua comida e bebida de uma forma fixa e estável, embora não necessariamente da forma como os humanos veem esses objetos? Como você pode imaginar, os limites das transformações são, para mim (com os meus olhos!), tão intrigantes quanto as próprias transformações quando ocorrem.

A: Há animais que são apenas animais, *karawa*, embora tenham um coração (*ximixi'*), que significa inteligência, intuição. Mas não têm um *jamixi'*, um duplo, ou a capacidade de produzir um duplo com aparência diferente do outro corpo. Nunca se veem como humanos. Não podem raptar, não podem atrair os Wari' como se fossem pessoas.

F: Eu gostaria ainda de insistir na questão de saber o que é que diferencia os animais que têm e os que não têm um *jamixi'*.

A: A resposta está nos mitos e nas experiências dos xamãs. É aí que eles baseiam o seu conhecimento. Nenhum xamã da atualidade viu um macaco-aranha como uma pessoa. Como eu já disse, o macaco-aranha tem seu próprio mito contando como ele perdeu sua humanidade. Eles eram humanos, mas raptaram uma mulher Wari' e perderam a sua humanidade. Todos os peixes são capazes de se transformar, *jamu*, porque vivem debaixo da água, onde vivem os mortos e se relacionam com eles como pessoas. Os grandes predadores, como a onça e a anaconda, são capazes de se transformar, embora não sejam comestíveis. Muitos dos outros animais transformadores ou potencialmente humanos são as suas presas preferidas, como já disse.

F: Você deixou claro que essa visão wari' não é uma visão sobre os animais como um todo, mas sim sobre alguns deles. Isso é importante como aviso contra a generalização das concepções Wari' sobre o que consideramos o reino animal. Mesmo assim, isso levanta o problema adicional da diferenciação que mencionei.

A: Sim, essa é uma boa questão. Como eu já disse, embora muitos animais estejam sempre presentes nas listas dos xamãs de animais com *jamixi'*, o que significa que podem atuar como humanos, alguns outros são incluídos em certas ocasiões, dependendo da experiência de um xamã em particular. Não se trata de um conjunto fechado. Diferente do que você diz sobre os gregos, na Amazônia as transformações são no presente (não póstumas, embora possam acontecer postumamente) e reversíveis. E para ser reconhecida como tal, uma transformação tem que incluir um terceiro ponto de vista.

F: A ideia da reversibilidade das transformações no presente é claramente crucial. Em muitos casos de transformações greco-romanas, elas são permanentes. Dafne como uma menina que foge do Apolo lascivo torna-se um loureiro (e permanece como tal). Porém, na transmigração pitagórica das almas, um indivíduo pode, ao morrer, tornar-se um tipo de criatura, mas após outra vida renascer como outra — lutando para voltar a subir na hierarquia dos animais mais nobres e esperançosa de eventualmente escapar do amargo ciclo do renascimento. Ora, aí está uma mensagem diferente para nós!

A: Esse é um ponto importante. Mas convém sublinhar que alguns povos amazônicos afirmam que um morto se transforma num animal, e depois noutro, e noutro, até desaparecer.

10.
As transformações precisam de provas? Já se duvidou dos xamãs e curadores?

F: Como mencionei anteriormente, Zhuangzi tinha posto em dúvida a possibilidade de fazer afirmações ou negações, apesar de também ter dito que, de alguma forma, temos de "confiar" nas coisas ("depender delas", nas palavras do penúltimo parágrafo). Em todo caso, o que o texto dá com uma mão, tira com a outra. Perante isso, seria possível dizer que insistir numa interpretação determinada é perda de tempo.

A: "Como confiar nas coisas" também é um problema muito ameríndio. Para os Wari', a resposta será fazer parentes e aliados, tanto quanto possível. Essa é a maneira de constituir um grupo estável de pessoas que têm uma perspectiva comum e que podem confiar umas nas outras (com exceções, claro, pois os animais podem fingir parentesco para levar um rapto a cabo). A estabilidade não depende da criação de regras e leis (e classificações) mas da ação no sentido de criar corpos semelhantes, o que, em sentido lato, como disse, inclui o comportamento. Por isso, casar-se, ter muitos filhos, fazer de pessoas distantes, afins (nem sempre tão confiáveis, sabemos) é tão importante. Não apenas para a sobrevivência material, como nos atos de cooperação, mas para criar perspectivas mais ou menos estáveis, pelo menos por um período. A sua "psicanálise" é necessariamente coletiva e se baseia no corpo (o corpo alargado).

F: Há ainda uma forte sensação de que, em certos contextos, os Wari' não podem ter a certeza de com quem ou com o que estão lidando — e isso parece não se aplicar apenas nos casos em que se trata de xamãs que seguem os duplos. Isso me leva a colocar uma questão mais geral. Até que ponto é inaceitavelmente rude desafiar o que alguém disse, as histórias que conta? Os xamãs são por vezes postos em dúvida, não são? Mas dentro de que limites são confrontados com a negação? Pergunto isso em parte devido a uma semelhança e a uma diferença com um exemplo grego antigo. Deixe-me explicar.

Também na Grécia, como se sabe, assim como no xamanismo amazônico, há casos em que os curandeiros sugam material do corpo da pessoa doente para purificá-la, para livrá-la do elemento pecaminoso que está causando a doença. Mas, num desses relatos do *Corpus hippocraticum*, o autor acrescenta o comentário "engano". No mercado médico que se desenvolveu no mundo grego antigo (frequentemente muito consciente das ideias e práticas não gregas à sua porta), a competitividade é mais ou menos obrigatória. Isso não tem apenas a ver com os níveis de instrução — as trocas e as rivalidades são em geral mediadas pela oralidade. Eu também não diria que as rivalidades são puramente o produto da exposição a outras culturas. Mas no caso grego temos de nos lembrar que os líderes políticos em muitas cidades-Estado tinham de prestar contas (financeiras e outras) do seu comportamento no final do mandato, e seria difícil negar que o costume de tais desafios teve um impacto noutras áreas da vida. É muito improvável que esse costume tivesse se desenvolvido num grupo de centenas e não de dezenas de milhares de pessoas, pelo que a escala é claramente importante. Mas sem dúvida esse não é o único fator em jogo.

Entendo que os próprios Wari' podem dizer que algumas histórias que implicam experiências exóticas, quer de xamãs, quer de animais transformados, não passam de invenções feitas por indivíduos ansiosos para reclamar para si um conhecimento superior e para usar as suas posições a fim de manipular e controlar os seus semelhantes. Ou não? Não são apenas as aparências que enganam, mas também os humanos. Porém, embora todos nós possamos estar sujeitos à credulidade em algum momento, acho que nenhum grupo em nenhum lugar poderia sobreviver se todos fossem crédulos o tempo todo. Os relatos etnográficos estão cheios de narrativas que mostram até que ponto as pessoas estão atentas à possibilidade de mentiras e enganos, de falsos xamãs a falar de falsas onças.

A: Rivalidades e disputas sobre diagnósticos existem entre os Wari' e outros povos da Amazônia. Mas quase nunca tomam a forma de um confronto direto. O texto de Lévi-Strauss sobre o xamã Quesalid e a sua magia me parece algo inconcebível para os Wari'. Quesalid começou por duvidar dos poderes dos xamãs das tribos vizinhas, mas depois aprendeu a fazer o mesmo que eles — a executar os seus truques, como pensava inicialmente — e descobriu que podia fazer isso com sucesso.

As dúvidas existem, é claro, mas, pelo que observei, elas são sempre, no caso dos xamãs, o resultado das consequências ou resultados de uma cura. Um xamã diz algo sobre a causa da doença, outro diz outra coisa. Não se fala que um está certo e o outro errado. Os xamãs não enganam, porque há sempre muitas possibilidades. As visões dependem do animal que o xamã está seguindo, ou seja, comendo e vivendo entre eles. Eles estão vendo coisas diferentes (juntamente com os seus animais companheiros, que ajudam cada xamã nas curas). A questão principal é: depois de que sessão é que o doente se sente melhor? É isso que indica quem é mais eficaz (ou quem tem os melhores companheiros). Não é uma questão de estar certo ou errado. E mais: normalmente os xamãs curam aos pares.

Os xamãs são cuidadosos em seus diagnósticos. Perguntam o que é que os doentes comeram, mataram ou fizeram nos últimos dias. Mesmo assim, se uma cura não for bem-sucedida, podem sempre atribuí-la a algum acontecimento novo que não tinham considerado antes. Em resumo, eu diria que é rude contestar a visão de um xamã, mas não porque o estamos acusando de ser mentiroso, e sim porque ninguém sabe exatamente o que está acontecendo. Muitas visões e perspectivas estão em jogo: o duplo animal de cada xamã, as relações morais internas entre humanos, a relação entre humanos e animais. Alguns casos envolvem a agressão de mais de uma espécie. Durante os rituais de cura, os xamãs falam em voz alta o tempo todo, às vezes para seus companheiros animais, outras vezes para aqueles que observam a cura, dando-lhes lições de moral (por que você fez sexo extraconjugal?). É uma mistura de vozes e o público parece não prestar atenção. Não há discursos formais entre eles. Os xamãs não se dirigem a ninguém em particular. Vi pessoas dançando ao som de música brasileira durante uma sessão de cura: o doente estava no centro do local, deitado, rodeado por xamãs, e as pessoas dançavam forró à sua volta. Os xamãs não veem isso como desrespeito, embora eu sempre ficasse em choque.

Hoje em dia (refiro-me ao período posterior a 2001), sendo cristãos, os Wari' cristianizados dizem que antigamente as pessoas eram enganadas pelo demônio. O que os xamãs viam não era real, era o demônio que agia neles para os fazer ver imagens falsas. Antes não se pensava que um xamã poderia enganar as pessoas. Tratava-se de ser ou não ser eficaz, não de ser falso.

F: Deixe-me insistir um pouco mais na base da autoridade. Não há nenhuma circunstância em que se coloque a questão de saber quem tem razão? Então devemos dizer que isso nunca se coloca para os Wari'? O fato de os desafios à veracidade e à correção serem rotineiros e institucionalizados em muitos contextos da sociedade grega antiga é uma característica da forma como organizam as relações sociais. Mas essa é uma questão de grau, me parece.

A: Quando o meu filho mais velho, Francisco, tinha um ano de idade, teve uma infecção urinária. O meu avô xamã-onça, Orowam, examinou-o e disse que ele tinha brincado no que pensava ser lama, mas na verdade havia sido em cima do território ou casa de um animal (acho que um tatu). O tratamento, no entanto, não o curou.

F: Quando as pessoas viram que ele não fora curado, não houve quebra de confiança ou descrédito?

A: Do meu ponto de vista, sim, houve uma questão em relação à verdade, pois decidi tratar o meu filho com antibióticos. Mas quando os sintomas do Francisco se mantiveram após a cura xamânica, ninguém disse que não confiava no Orowam, ou que ele havia nos enganado. Diziam: "Quem sabe no que mais ele pisou?". Portanto, é uma questão de falta de informação completa: a culpa não foi do xamã. A verdade é uma questão relacional. Nesse caso, será que podemos falar sobre a "verdade", tal como a entendemos, como algo incontestável?

F: As questões sociológicas são, por vezes, investigáveis — pelo menos, penso que consigo traçar as circunstâncias de provas e dúvidas de diferentes tipos na Grécia e na China antigas, e chegar à Babilônia, ao Egito, à Índia — em cada caso, as respostas são diferentes: isso não é inspirador? E tenho certeza de que podemos fazer o mesmo em relação aos Wari' e salientar as diferenças existentes nas diferentes comunidades amazônicas, para não falar de outras mais distantes. No que diz respeito aos Wari', você diz que eles não são conflituosos. Mas como é que a autoridade se estabelece e se mantém?

A: A autoridade é dispersa e depende da experiência, especialmente em questões como a capacidade de sustentar uma família, habilidades narrativas, boas relações. Uma pessoa de confiança é alguém que tem muitas relações e não discute nem briga (dentro da aldeia ou no seio do grupo social mais próximo), não sendo necessariamente um xamã. Os guerreiros, ou seja, pessoas que já tinham matado inimigos, eram prestigiados com particular intensidade e costumavam ter várias esposas, pois o pai da noiva confiava que tal homem seria um bom provedor. Não existe um cânone, um repertório de canções masculinas, nem sábios. Todos podem estar certos ou errados, ou mesmo parcialmente certos ou errados. Mas não dizem isso na cara de alguém. Fazem fofoca. Não há confrontação, a não ser que alguém adoeça. Nessa altura, perante a morte, podem dizer que determinada pessoa fez feitiçaria. Em geral, são invocadas várias razões para as acusações de feitiçaria. A pessoa que possivelmente é feiticeira é solitária, mesquinha etc. Por conseguinte, muitas vezes o que ela diz não é verdade. Porém, isso não se deve ao conteúdo das suas afirmações, e sim à forma como se relaciona.

Como eu já disse, os Wari' têm uma palavra para verdade: *iri'*. Mas também têm uma palavra para mentira: *mixein*. Bem como uma palavra que poderia ser traduzida por "acreditar": *howa*. É antes acreditar numa pessoa do que no que está a ser dito. Essa pessoa é uma boa pessoa, eu a sigo. Os missionários a usam no sentido de acreditar em Deus. Claro que o objetivo dos missionários é muito diferente do meu. Eles querem converter, enquanto o meu objetivo é a compreensão, para a qual o respeito pelos pontos de vista dos Wari' é essencial.

O pressuposto dos que querem converter é que eles estão certos e os outros estão errados. O antropólogo não parte desse pressuposto, nem o filósofo.

No que se refere às mentiras, a palavra *mixein* pode, por vezes, ser substituída por *waraju*, "brincar". *Mixein* tem o mesmo significado fluido. Uma pessoa pode contar uma piada ou inventar uma história para se divertir e os outros dirão, rindo: *mixein ma* ("está mentindo"), ou mesmo *waraju ma* ("está brincando"). Quando estão zangados, podem levar esses termos mais a sério, acusando alguém de ser mentiroso, por exemplo. Agora, na época cristã, ambas as palavras adquiriram um significado muito rígido, é claro. O diabo *mixein*. Deus diz sempre a verdade: *Iri' o* (verdadeiro) *na ka tomi* (diz) *Iri' Jam* (Deus). O termo para Deus, oferecido pelos missionários, mas aprovado pelos Wari', tem o *Iri'* no nome. O que percebi ao falar com os próprios missionários é que a sua intenção com a tradução era nomear Deus como "o verdadeiro espírito", mas não era exatamente isso que o termo transmitia. De fato, a tradução exata de *Iri' Jam* feita pelos Wari' era "o verdadeiro invisível"; *jam* significa invisível, "ex-corpo".

Se chegarmos aos missionários, então a prova encontra seu lugar. Eles escrevem sobre as provas nos livros: como é que podemos saber que Deus é tão poderoso e criou tudo que existe? Pelos resultados da sua criação, dizem: animais, florestas, pessoas. Os Wari' costumavam dizer: antes pensávamos que as coisas existiam sem razão, que os animais estiveram sempre lá, as árvores, também. Agora, tornados cristãos, eles acreditam que os antepassados não sabiam das coisas, porque não sabiam que foi Deus que criou tudo. Foi o que me disse um homem de 33 anos:

> Os antigos [*hwanana*] não sabiam a verdade. Foi o demônio [*kaxikon jam*] que os atrapalhou para não ouvirem a fala

[*kapijakon*] de *Iri' Jam*. Eles acreditavam [*howa*] em *Pinom* [uma figura mítica]. Onde está *Pinom*? Ele nunca foi visto. Mas a Terra que Deus criou, a água, os peixes, tudo isso pode ser visto. É por isso que é verdadeiro [*iri' o*], o de *hwanana* é apenas uma estória, não é verdade.

F: A sua afirmação de que os xamãs curam muitas vezes juntos, aos pares, é sugestiva: na Grécia antiga, a pretensão de ser um Mestre da Verdade significava frequentemente excluir todos os outros. A sua observação final sobre os contextos em que surgem conversas desse tipo me sugere que vale a pena aprofundar esse ponto. Decerto devemos levar em conta que o discurso factual é apenas um tipo de discurso e que, quando as pessoas se esforçam profundamente na busca de um sentido para a experiência, podem passar para um registro diferente. Não é o caso de todos nós? Aplicam-se regras de cortesia diferentes. Discutir sobre o que acontece com os mortos, os seus e os dos outros, ou sobre os deuses, não põe comida na mesa.

A: Tem razão, embora eu pense que, mesmo considerando os contextos, o mundo wari' funciona de uma forma muito diferente da nossa (a sua e a minha). Mesmo agora, sendo cristãos e "meio modernos", eles continuam a me surpreender com alguns relatos. Da última vez que nos encontramos, o meu irmão Abrão disse que estava com alguém que viu peixes se transformando em braços e mãos na água (onde viviam os mortos).

F: Mas o interlocutor de Abrão era um xamã? É o que parece. Você retoma a questão de não discutir, mas (a) há desacordos que você documenta frequentemente, e (b) você chamou minha atenção para a ideia de uma vida bem-sucedida para os Wari' incluir um comportamento agressivo, mesmo bélico: entendi que estava insinuando que a paz absoluta seria algo enfadonho.

A: Quanto ao companheiro de Abrão, não era um xamã, mas sim seu amigo. Por isso Abrão ficou tão impressionado. Ele não disse que o amigo estava se transformando num xamã, porque Abrão agora é cristão. Mas ele poderia ter dito isso no passado. Quanto ao outro ponto, o fato de eles discutirem entre si não significa que não confiem na visão das pessoas. Muitas vezes discutem por causa de coisas domésticas, como atos sexuais fora do casamento, ser sovina, acusar as pessoas de esconder comida e por aí afora. Não sobre quem viu o quê. A guerra não é considerada um tipo de disputa. Os inimigos não são considerados seres humanos do mesmo tipo que os Wari', mas da espécie animal. Os inimigos, *wijam*, fazem parte da categoria dos *karawa*, animais, presas, comida. Fazer a guerra é como ir à caça. As pessoas têm, em relação aos inimigos, uma animosidade intrínseca ou dada. Quando digo que a vida sem conflitos é aborrecida para eles, não me refiro aos conflitos internos, às lutas entre si, mas aos conflitos dirigidos para o exterior, quer com os "estrangeiros", que é como chamam os Wari' de diferentes grupos geográficos, quer com os inimigos, brancos e indígenas em geral.

F: Você questiona: se a verdade pertence à pessoa ou a um conjunto de relações, ainda podemos falar dela como verdade? Mas em inglês e nos vernáculos europeus modernos, bem como na Grécia e China antigas, os termos utilizados para falar de afirmações "verdadeiras" (por oposição a falsas) são também usados no contexto de comentários, por exemplo, sobre os "verdadeiros" amigos, aqueles em quem se pode confiar. Há normalmente uma preocupação profunda em distinguir a verdadeira amizade, a virtude ou a sabedoria, daquilo que apenas o parece ser, e isso não se aplica só às qualidades morais. Como é que distinguimos os verdadeiros diamantes, a verdadeira jade, o verdadeiro ouro, das falsificações? Na verdade, somente alguns filósofos, a começar por alguns gregos, quiseram estipular que a verdade é propriedade apenas das proposições, e a razão pela qual procuraram fazê-lo é uma longa história em que as suas reivindicações de conhecimento superior figuram de forma proeminente, incluindo, como você supôs, o domínio deles sobre um estilo de "prova" que visava a incontrovérsia! É claro que os métodos de verificação são diferentes. Dizer quem é um verdadeiro amigo não é uma questão de lógica. Julgamos os nossos amigos pelo seu comportamento, e os verdadeiros amigos podem ter necessidade de dizer mentiras. No que você me contou sobre o *iri'* dos Wari', não vejo sinais de confusão. Mas é interessante que eles não façam grande alarido sobre esse assunto em certos contextos em que alguns gregos antigos o fariam.

A: Exato. Mas não diferenciamos o estatuto da verdade (como na ciência) da verdade, como numa amizade verdadeira? Temos consciência de que a primeira é uma verdade absoluta (ou mais ou menos), que se deve aplicar a qualquer pessoa, e a segunda é relativa. E se não tivermos essa diferenciação, como entre os Wari'?

É normal que uma pessoa minta, quando, por exemplo, alguém lhe pede comida e a pessoa diz que não tem comida, embora quem está pedindo saiba que tem. Mas isso é muito melhor do que recusar dar a comida, pois assim será acusado de avareza. De qualquer forma, não se pode mentir várias vezes, ou será acusado de ser mesquinho.

Estive hoje num debate virtual sobre os Yanomami (com um aluno e colegas) e falamos sobre isso. Eles concluíram que, para os Yanomami, qualquer afirmação que seja empiricamente falsa é definida pelo termo "mentira", embora não haja julgamento moral. Um dos meus colegas, que conhecia bem os Yanomami, disse que uma vez lhe perguntaram quando é que um avião estava previsto para chegar e ele deu a informação de que seria no dia seguinte. O avião não chegou por causa do tempo, e o chamaram de mentiroso, apesar de saberem que não tinha chegado por causa do tempo. Eles não têm a visão moral de que é bom dizer a verdade e mau mentir. O termo "mentira" abrange mais do que o nosso, pois inclui "enganar". Uma teoria da mente diferente. Um dos meus colegas nos lembrou do livro de Ellen Basso, *In Favor of Deceit* [A favor do engano],[1] sobre o deceptor na mitologia kalapalo (os Kalapalo são um povo indígena do Xingu, no Brasil central).

F: Há vários pontos importantes. Deixe-me escolher dois. Temos de ter cuidado para não pensar que *toda* "ciência" atinge a "verdade absoluta". A ciência não é um bloco único e unificado de afirmações verdadeiras e bem formuladas, embora muitos ocidentais gostem de a retratar como tal, esquecendo que muito do que — corretamente — passa por ciência é provisório, probabilístico, passível de ser revisto. Em inglês, "*lie*" [mentira] implica uma *intenção* de enganar. "*Untruth*" é um termo mais amplo que engloba mentiras, mas também falsidades quando não há essa intenção — como seria o caso do seu colega. Parece que "*lie*" é uma tradução enganosa do que ele foi acusado, pois, como você diz, os Yanomami não associam a mentira à imoralidade.

A: Essa é uma boa questão: pode ser uma má tradução. Mas as pessoas que conhecem a língua achavam que era a melhor.

1 Ellen Basso, *In Favor of Deceit: A Study of Tricksters in an Amazonian Society*. Tucson, AZ: University of Arizona Press, 1987.

Em português, poderia ser: *ele se enganou*, o que significa que não teve intenção de mentir, que a pessoa foi confundida, seja pela própria mente ou por alguém de fora.

F: Talvez o termo "enganar" também seja ambíguo nesse caso. Recorde-se que, quando os franceses dizem *j'étais déçu*, traduzimos frequentemente por "fiquei desapontado" — quando não fui de fato enganado por alguém que transmite inverdades.

A: Em português, um dos significados de "enganar-se" seria *decepcionar-se*, quando por exemplo se estava à espera de uma coisa e se recebeu outra, que não se quer ou não se gosta. Como quando se pensa que uma pessoa é brilhante e se descobre que é estúpida ou má.

F: Os gregos antigos estavam convencidos de que dizer a verdade era uma virtude fundamental para os persas. Os próprios gregos tinham essa noção de *metis* ou "inteligência astuta" para uma capacidade que geralmente admiravam — vencer, mesmo que enganando os outros, desde que não se fosse descoberto. Ao longo da *Odisseia*, Odisseu é capaz de mentir tranquilamente, incluindo a Atena, embora ela não seja enganada. Assim, o valor moral que um determinado grupo atribui à mentira e à verdade em qualquer contexto é uma questão em aberto, para a qual a resposta varia.

A: Esse é um ponto muito importante: a mentira como capacidade. Não é o que fazem os escritores de ficção? Tanto quanto sei, os Wari' não enaltecem essa capacidade. Quando duas pessoas contam uma história de modos distintos, atribuem isso a experiências e pontos de vista diferentes. Percebo cada vez mais que todas as experiências deles se baseiam na pressuposição de um mundo instável, feito de vivências diferentes que não se somam, mas ficam lado a lado.

F: Estou também impressionado com Fredrik Barth[2] falando sobre os Baktaman a respeito desse problema. As mentiras são parte integrante dos complexos processos de iniciação. Os indivíduos Baktaman não passam apenas por um ou dois ritos de iniciação, e sim por toda uma série deles. Em cada etapa, são informados de certas regras e verdades, mas acontece por vezes que, na etapa seguinte, lhes é dito que o que aprenderam era falso, ou mesmo que implicou a quebra de um tabu rigoroso. Isso significa que nunca se pode saber quando se chegou ao fundo das coisas e a um conjunto estável de conhecimentos e de modos de comportamento que permitam viver bem.

Até que ponto os Wari' se envolvem em conversas de brincadeira com crianças pequenas? Em algumas sociedades, o fato de falar com crianças ser conversa de brincadeira dá má reputação à conversa de brincadeira noutros contextos: mas isso não é necessariamente o caso. A forma como as crianças são tratadas costuma ser uma boa maneira de investigar os valores (dos adultos) num determinado grupo.

A: Não sei muito sobre as brincadeiras dos Wari' com as crianças. Mas sei que mentem para elas, dizendo, por exemplo, que o inimigo (os brancos em geral) vai levá-las se não se portarem bem. A criança chora e o adulto ri. Eles não veem isso como algo mau.

F: Eu tinha em mente uma questão bastante diferente, que era a de saber até que ponto os Wari' contam histórias às crianças que ninguém toma como fatos, mas que todos apreciam como um bom divertimento (com algumas possíveis mensagens mais sérias).

2 Fredrik Barth, *Ritual and Knowledge among the Baktaman of New Guinea*. New Haven, CT: Yale University Press, 1975.

A: As histórias que lhes contavam são mitos ou fatos. Em termos de conversa, tratam as crianças como adultos. As crianças podem ouvir qualquer conversa, ver nascimentos, mortes e brigas.

II.

Seriam as transformações análogas a milagres? É tudo uma questão de crença?

F: Pensemos de novo na mãe de To'o quando transforma sangue em chicha. Seria absurdo comparar isso aos exemplos de algumas das curas milagrosas descritas em fontes pagãs e cristãs? Claro que a grande diferença é que estas eram frequentemente propagadas, e não há vestígios dessa dispersão na história contada pela mãe de To'o.

A: Suponho que as pessoas que operam milagres estão conscientes de estar fazendo algo do tipo, e, portanto, concentram-se. Como uma performance, por assim dizer. Mas para a mãe de To'o, não foi assim. Ela estava apenas bebendo sua chicha. Foi a filha que viu a transformação.

F: Tomemos o caso da transubstanciação, por exemplo. O corpo do comungante não muda: o vinho, sim; mas, de acordo com os Wari', o "corpo" do xamã se transforma. Mais uma vez, e se considerarmos que essas transformações não dizem respeito, em primeiro lugar, aos corpos, mas apenas ao comportamento e às crenças dos agentes envolvidos? Seria essa uma interpretação possível? Talvez não. Porém, físicos modernos ganhadores do prêmio Nobel ou mesmo alguns antropólogos, se forem bons católicos, aceitam a transubstanciação. O não crente vê o vinho como vinho, o crente o vê como o sangue de Cristo. De fato, as diferentes seitas cristãs têm histórias muito distintas para contar sobre como interpretar exatamente o "milagre", embora para todos os católicos a transubstanciação implique que ocorreu um, que é reencenado sempre que a missa é celebrada. Isso serve para lembrar que há limites para os domínios sobre os quais o discurso da ciência domina ainda hoje.

A: Penso que, no caso dos cientistas católicos, eles vivem a experiência como dois aspectos diferentes da sua vida, que não se misturam. Ou, se chegam a se misturar, relacionam-se de algum modo em níveis diferentes. Nesse caso, a vida espiritual é separada da ciência, já que somos livres para acreditar no que quisermos, desde que não diga respeito à matéria, à "realidade", aos corpos. Entre os Wari', podemos falar não apenas de perspectivas individuais, mas de mundos diferentes: o mundo do humano e o mundo da onça são diferentes e, com exceção dos xamãs, os Wari' esforçam-se por mantê-los separados. Esforçam-se exatamente porque sabem que não estão de todo separados, pois podem se interpenetrar de repente.

F: A compartimentação (mundo espiritual versus mundo científico) tem de enfrentar a dificuldade filosófica de que isso parece permitir a pura inconsistência ou autocontradição. Tal como a exigência de uma definição rigorosa, essa é uma faca de dois gumes. Porque, por vezes, queremos reconhecer diferentes níveis de discursos (os registros de que eu falava). Pretendo manter, tanto quanto possível, uma continuidade entre discursos, embora aceitando que os graus e modos de verificabilidade diferem.

A: Devemos mantê-los em continuidade, mas será que as pessoas que vivem em mundos diferentes (como a ciência e a religião) pensam que estão em continuidade? Não sei.

F: Claro que alguns o fazem e outros não. Há muitos cientistas que se esforçam para defender a ideia de que a ciência e a religião são complementares, embora em outros tempos talvez mesmo a maioria dos cientistas as vissem como incompatíveis, irreconciliáveis. Mas se pensarmos no contraste fundamental como um contraste entre a ciência e a *filosofia*, talvez haja menos tentação de nos agarrarmos ao contraste e à competitividade, apesar de alguns também o fazerem.

Você disse que os Wari' que se tornaram cristãos dizem que "confiam" em Deus. Por que é que os Wari' acreditam no que os missionários lhes dizem? Presumivelmente, nem sempre o fazem. Mas como é que os missionários não são considerados apenas animais, *karawa*, como os Wari' costumavam ver os brancos em geral? Os Wari' acreditam que falar de Deus é *iri'*, verdadeiro, porque é possível ver as coisas que Deus criou, animais, plantas, seres humanos etc. Porém, presumivelmente não acreditam, ou não lhes é dito, que os próprios missionários criaram coisas? Será que o seu prestígio se deve ao seu conhecimento superior (?) da tecnologia, dos medicamentos, do mundo moderno? Lembro-me de que, na conversão dos Wari' ao cristianismo, a cura de doenças desempenhou um papel importante, tal como, no sentido inverso, desempenhou no regresso às suas crenças originais após a primeira conversão. Ou estou enganado?

A: No início, tudo de que os missionários dispunham para convencer os Wari' eram antibióticos e tecnologia. Davam medicamentos a pessoas quase mortas e elas ficavam curadas alguns dias depois. E diziam: foi Deus que curou você. Tudo isso aconteceu não em tempos normais, mas numa altura em que os Wari' estavam perdendo muitas pessoas, que tinham sido baleadas ou estavam doentes. O seu mundo estava mudando e eles queriam experimentar novas fontes de poder.

12.
A prova está ligada à alfabetização?

F: A "prova" é absolutamente crucial para a nossa investigação. Já falei bastante sobre como, em certos domínios da filosofia, da matemática e da ciência gregas, a demonstração absolutamente arrasadora e "incontroversa" (*anexelenktos*), dependente de premissas evidentes e de uma dedução válida, era a norma de ouro. O que era apenas persuasivo não era bom o suficiente (Platão na dianteira: que ideia extraordinária!), pelo menos para aqueles que defendiam esse padrão e que geralmente pensavam que ele estava ao seu alcance (um certo estilo de matemática era o modelo). Mas, de muitos pontos de vista, esse objetivo de demonstração incontestável era uma loucura. Claro que não era assim tão difícil fazer distinções entre deduções ou inferências válidas e inválidas quando se pegava o jeito. Mas premissas evidentes? Tal como "se iguais são subtraídos de iguais, os restos são iguais" (um exemplo comum). Onde é que se encontrava tais premissas em domínios como a teologia (uau!), a medicina e mesmo noutros domínios da ciência?

Na prática, o que era necessário (como os oradores e os políticos da Grécia antiga demonstravam apreciar) era algo muito diferente: "provas", como dizemos, "para além de qualquer dúvida razoável" — para estabelecer o que aconteceu, ou a culpa ou a inocência, o que nada tem a ver com axiomas evidentes. O que nos leva, naturalmente, à... dúvida. Essa dúvida pode ser sobre as provas de uma observação ou sobre a confiabilidade da pessoa que a faz[1] ou pode dizer respeito a um sentido mais profundo de até onde chega a compreensão humana. Quando é que, num determinado grupo ou sociedade, duvidar do que alguém afirmou, ou da forma como representou o modo como nos devemos comportar é possível? Quando é que, pelo contrário, é totalmente indelicado fazê-lo, ou considerado insultuoso, insuportável? Quando, pelo contrário, é permitido, ou mesmo encorajado, e, em caso afirmativo, permitido a quem e em que contextos (como os bobos da corte), e especialmente dentro de que limites? (É prática corrente em muitos textos clássicos chineses criticar os outros, sugerindo que, embora tenham compreendido parte da verdade, não compreenderam a totalidade.)

Nos maus velhos tempos da antropologia, os "primitivos" eram muitas vezes acusados de superstição, credulidade, incapacidade de recuar e de rever o que era tradicionalmente aceito: a forma educada de os rebaixar era através da noção de uma mentalidade diferente, embora isso não fosse de todo educado, uma vez que continuava a carregar o rótulo de "primitivo". Por isso, quando Evans-Pritchard[2] identificou um ceticismo generalizado, pelo menos em relação a bruxas individuais, entre os Azande, isso minou substancialmente algumas generalizações anteriores, embora, certamente, ele também tenha falado de uma falta de ceticismo em relação à bruxaria como um todo. A mesma coisa se passa com Lévi-Strauss sobre Quesalid, como já mencionamos.

Mas isso chama a atenção para uma série de questões: existem, num determinado grupo, indivíduos ou grupos específicos que, de alguma forma, alcançaram um estatuto inquestionável?

1 Cf., sobre a "veracidade", Bernard Williams, *Truth and Truthfulness* (Princeton: Princeton University Press, 2002). 2 Edward Evan Evans-Pritchard, *Bruxaria, oráculos e magia entre os Azande*. Trad. de Eduardo Viveiros de Castro. Ed. resumida e intr. de Eva Gillies. São Paulo: Zahar, 2004.

E se assim for, como conseguiram isso? (Por nascimento ou aprendizagem ou revelação ou puro blefe?) E quanto à relevância da escala da sociedade em questão (pois a escala parece ser uma condição necessária para o pluralismo: ou não? Depende da natureza do pluralismo em questão?). A disponibilidade de transcrição, de registros escritos, faz alguma diferença[3] na medida em que permite um estilo diferente de verificação sobre (a) o que foi realmente afirmado ou reivindicado e (b) o que passou a ser a verdade ou as respostas corretas às perguntas sobre como se comportar? (Mas devemos nos lembrar que textos escritos, quando tratados como canônicos ou autorizados, podem bloquear a crítica e o ceticismo.)

A: Como eu já disse, entre os Wari', as pessoas de confiança são aquelas que são boas provedoras, que sustentam os seus familiares, que são boas caçadoras ou, melhor ainda, guerreiras. Não é algo dado por nascimento e não existe uma classe de sábios. Passando aos argumentos de Goody em *A domesticação da mente selvagem* sobre os efeitos da alfabetização, estes são controversos, como sabemos. Um deles é que as pessoas analfabetas não tiram conclusões finais e fechadas porque os argumentos orais não são facilmente acessíveis simultaneamente. Não os podem sintetizar, pois não os têm escritos no papel, que lhes serviria de memória auxiliar. Mesmo tendo em conta as críticas pesadas e por vezes bem fundamentadas à sua teoria, penso que ele tinha razão, embora não tenha a certeza de que o éthos antissíntese que ele compreendeu corretamente se deva apenas à não alfabetização. Vejamos, por exemplo, a matemática dos Wari', que explorei em vários trabalhos. Mesmo agora que sabem escrever, quando contam na

3 Jack Goody, *A domesticação da mente selvagem*. Trad. de Vera Joscelyne. Petrópolis: Vozes, 2012.

sua língua, as quantidades se tornam imprecisas e indeterminadas. Quando a língua se mantém, não é tão fácil mudar só porque se é alfabetizado.

F: Claro que isso é importante e há muito que pode e deve ser dito sobre os antecedentes orais dos textos literários gregos e chineses clássicos. Mas registremos que, embora você considere as diferenças entre o oral e o escrito relevantes, eu fiquei mais impressionado do que inicialmente esperava com as continuidades. Um espectro, para mim, não uma ruptura radical completa.

A: Tem razão, e temos várias críticas às fortes afirmações de Goody. Para começar, saber ler e escrever não significa que uma pessoa seja alfabetizada. Não creio que os Wari' como um todo sejam alfabetizados, embora muitos jovens saibam ler e escrever. Não se interessam por coisas escritas (a Bíblia é uma exceção, uma vez que é mais do que isso, é a palavra de Deus no papel, e isso é certamente importante). Não se preocupam em ler livros, não gostam de escrever. A capacidade de ler e escrever não faz parte da sua vida cotidiana, apenas quando estão na escola ou na universidade. As pessoas alfabetizadas têm a escrita e a leitura como um dos componentes centrais das suas vidas. É diferente, não é?

F: Certamente, embora haja muitas pessoas que vivem em sociedades onde é normal saber ler e escrever, mas que quase não utilizam essas competências na vida cotidiana. Isso deve ser verdade para milhares de pequenos proprietários e agricultores de subsistência em zonas rurais, mesmo em países europeus "desenvolvidos". A questão que a sua observação final suscita é, então, a seguinte: que diferença faz a alfabetização? Será que respondemos a essa questão no que diz respeito às interações sociais? Ou às estruturas cognitivas? Não vejo os conteúdos das crenças ou teorias sendo alterados pela alfabetização, mas sim as formas como são manipulados, referidos e utilizados.

A: Concordo em parte. Os mitos estão sempre se transformando, dependendo do narrador, do público, do contexto. O letramento não altera essas narrativas orais. Mas agora os jovens por vezes escrevem mitos para tarefas escolares, e podem facilmente comparar as versões e discutir as diferenças, se lhes apetecer. Por vezes, os professores Wari' utilizam algumas narrativas dos meus livros. Depois, propõem perguntas para serem respondidas pelos alunos. As perguntas são muito orientadas pelo pensamento escolar e não pelo pensamento wari', se é que posso me exprimir assim. Por exemplo: quem roubou a fruta? O que é que X fez ao seu irmão? A forma de lidar com a narrativa muda, embora a narrativa continue a mesma. As questões relevantes também mudam. Essas perguntas são de todo diferentes das que eu ouvia no passado, quando os mitos eram contados oralmente pelos avós e pais às crianças. As perguntas costumavam ser: ele não viu que a pessoa era uma onça? Como é que ele conseguia trepar aquela árvore?

F: Os contextos podem ser cruciais. Mentir num tribunal jurídico — ou num tribunal da realeza (quando existe) — tem um peso diferente de mentir sobre o que se fazia na floresta, ou negar ter uma comida que não se quer oferecer.

A: Vejamos os "metálogos" de Bateson,[4] que funcionaram como uma inspiração implícita para o nosso próprio diálogo. Em todos, ele fala com a sua filha e fazem um ao outro perguntas aparentemente ingênuas que, na realidade, são questões

4 Gregory Bateson, *Steps to an Ecology of Mind*. San Francisco: Chandler, 1972.

filosóficas profundas. Numa delas, falam sobre a realidade ou não de uma bailarina se transformar num cisne quando dança. Nessa altura, ele recorre à linguagem dos sacramentos. Isso nos recorda que temos de levar em conta o registro e o contexto em que todas essas questões são discutidas entre os meus amigos, os Wari'.

No entanto, eu não diria que os Wari' têm esse tipo de conversa sobre transformações num ambiente sagrado ou ritual, como o teatro de balé. Eles costumavam falar sobre isso nas suas conversas cotidianas, se algo suscitasse o assunto (como quando alguém saía para caçar e demorava muito a voltar para casa). Ou conversando comigo, ou quando comentavam um mito (dizendo: eu mesmo vi tal tipo de coisa acontecer). Eles não acreditam (ou duvidam) no que está sendo dito. Limitam-se a ouvir, a fazer perguntas, a rir e a repetir a história, se for o caso. Alguém que ouvisse (como os cristãos de hoje) poderia apenas demonstrar interesse e dizer que os anciãos eram estranhos (*xirak*), ou que era ação do diabo, ou que a pessoa estava mentindo. Tanto faz. E ninguém vai lutar para provar nada. Nada de discussões, apenas uma troca de experiências e depois o silêncio. Não há problema em duvidar.

13. Essas transformações podem ser comparadas às da ficção literária?

A: Podemos também perguntar qual é o estatuto das transformações que aparecem na literatura ficcional ou na poesia. Um exemplo seria a história de Kafka sobre a metamorfose numa barata.[1] Será que as pessoas pensaram mesmo que Zhuangzi se transformou numa borboleta ou que tem um duplo de borboleta? Será que isso tem a mesma realidade para os ouvintes ou leitores que os Wari' se tornando onça? De que tipo de transformação estamos falando? Não será melhor diferenciá-las para não perder de vista as suas peculiaridades?

F: Quanto às transformações na literatura, de Zhuangzi a Kafka, concordo que existem muitas, com efeitos bem diferentes, sem dúvida. Então os leitores trarão uma carga de bagagem totalmente distinta para a sua compreensão. Também concordo que, uma vez registrada uma transformação, isso faz diferença, e decerto as formas como os autores jogam com elas diferem. O tema da repugnância, que é tão forte em Kafka (não é?), está ausente em Zhuangzi. No que diz respeito a Zhuangzi, a história mina o seu caráter de Zhuangzi (ou seja, a ideia de que ele é uma entidade estável), bem como o caráter de borboleta das borboletas (que são, afinal, criaturas

1 Franz Kafka, *A metamorfose*. Trad. de Modesto Carone. São Paulo: Companhia das Letras, 1997.

transitórias e transformativas). Há muito mais além do que podemos pontuar.

A: Uma coisa é ler Kafka e pensar em transformações e instabilidade. Outra coisa é estar na floresta e ter medo de ser raptado por uma onça que se faz passar pela mãe da pessoa. Isto é radicalmente diferente, penso eu.

F: É verdade, é verdade. Mas há as florestas da nossa mente, e não apenas da mente de Kafka.

A: Exato, mas os Wari' não têm florestas da mente. Apenas corpos, em todo lado. Acho que tudo depende da forma como vemos essas coisas afetarem o mundo atual ou a vida cotidiana das pessoas. Poderíamos dizer que, neste mundo biomédico em que vivemos, consideramos a ficção algo inventado e, por isso, incapaz de afetar o mundo real (mais uma vez, para uma típica pessoa urbana "bem-educada"). Para os Wari', o mito é verdadeiro, está lá, volta, move-se. Até a chegada do cristianismo, não havia dúvidas sobre isso. A prova é a doença, o sonho, a morte.

F: Como Bernard Williams[2] argumentou em *Truth and Truthfulness* [Verdade e veracidade], a "verdade" pode parecer um conceito simples, mas é tudo menos isso (ele carrega consigo todo o tipo de implicações sobre a "realidade", a "objetividade" e até a nossa velha "ontologia"). O objetivo dele era mudar o foco para a veracidade, a sinceridade, a evitação do engano. Uma questão que a etnografia levanta é a de saber em que momento o discurso utilizado na narração e representação

2 Bernard Williams, *Truth and Truthfulness*. Princeton: Princeton University Press, 2002.

do mito é reconhecido como estando, como já dissemos, num registro diferente. Pode ser reconhecido como profundamente sério, mas também apreciado como sendo de certa forma diferente da conversa mundana, não pode?

A: Poderíamos dizer que tudo depende do registro do discurso. Entre os Wari', o que diferencia as narrativas míticas das históricas ou atuais é o fato de as pessoas afirmarem desconhecer pessoalmente as personagens (ou conhecer alguém que as tenha conhecido). Dizem que é uma história de muito tempo atrás. Não é menos real do que as atuais, mas falta um modo (uma rede de relações) de prová-la. A prova vem de acontecimentos atuais que atestam a permanência do mito, ou a veracidade das relações ou poderes presentes no mito.

F: Mas será que todas as lições que podemos tirar das nossas viagens são apenas questões daquilo que chamamos de imaginação? Talvez alguns concluam isso mesmo. No entanto, outra moral que podemos depreender das nossas explorações é a questionabilidade da divisão mais nítida entre imaginação e realidade, ou, para situar a questão em termos mais acadêmicos, entre ciência e filosofia, ciência e moralidade, (ou até) ciência e poesia. Os valores estão implícitos, se não explícitos, em todos os domínios da experiência humana. É claro que não deduzimos juízos de valor diretamente do estudo de galáxias distantes ou de micróbios. Mas, na medida em que podemos aprender com as nossas explorações, estamos aumentando a nossa compreensão de quem somos, não num grande esquema de coisas (porque esse esquema não existe), mas sim em relação ao nosso ambiente, aos nossos vizinhos, àqueles que se consideram nossos "inimigos" e também nossos amigos.

14. Devemos falar de ontologias perante um mundo em mutação?

F: No que diz respeito à epistemologia e à ontologia, os filósofos insistem que a questão das bases do conhecimento — afirmações sobre o que é — pode e deve ser distinguida da questão do que existe em si. A primeira leva a uma discussão sobre percepção, raciocínio, autoridade e afins, que é independente da posição adotada sobre os objetos do conhecimento, embora com certeza esteja relacionada a ela.

Quando os Wari' dizem que "Orowam oncifica completamente" (uma possível tradução de *kopakao'*, "onça"; *pin*, "completamente"; *na*, "ele"; Orowam, como você sugeriu), não se trata apenas de uma questão de chamar, mas de ser, ou talvez mais exatamente, de se tornar. Não admira que os Wari' tenham uma expressão para confirmar que a transformação está completa, qual seja, *pin* (assim como o termo *jamu*, que significa "transformar"). O uso de *pin* parece significar que ele completou a oncificação, quando isso significa transformar-se numa onça. Se assim for, confirma-se (pelo menos para mim) muito fortemente que os Wari' vivem num mundo de seres transformados. Daí viriam consequências para a forma como as coisas são chamadas, mas, mais importante e diretamente, consequências para a forma como elas são e como se tornam. Assim, nesta leitura, a linguagem incita e facilita (porém, seria errado dizer necessita de) uma ontologia do devir.

A: Acho que você tem razão.

F: É claro que os gregos antigos também podem falar do devir (o verbo é *gignesthai*; o substantivo, claro, *genesis*), e Heráclito e, mais tarde, os estoicos viam o processo e o fluxo em todo lado. Mas a maioria dos filósofos de peso estabeleceu um forte contraste entre o devir e o ser, privilegiando este último, muitas vezes com o argumento de que, se as coisas estão em fluxo, então não podem ser conhecidas. Essa é a ideia principal que teve consequências tão importantes para o pensamento ocidental posterior.

A: Eu poderia dizer que os Wari', do ponto de vista deles, não diriam que algumas coisas ou todas as coisas estão em fluxo. O milho é sempre milho, a chicha é chicha, o sangue é sangue, para alguém numa determinada situação. Mas se mudar de posição, a coisa muda também. Quando digo que todos sabem que o sangue é chicha para a onça, é porque ouvem os xamãs dizer isso e confiam na sua visão. Os xamãs são os que conseguem alternar rapidamente as perspectivas. Não apenas têm as duas, como podem circular entre elas, conhecer a diferença de perspectivas e depois traduzir para os Wari'. Nesse sentido, são seres do devir, mas apenas porque o fazem todos os dias com um risco pequeno. Todos os outros podem experimentar a mudança de perspectiva, porém, com um risco elevado de passagem definitiva para o outro lado, o que geralmente significa a morte e o fim da sua existência entre os seus parentes originais (e a criação de parentesco com os animais).

Como já observei, um aprendiz de xamã costuma ter uma visão muito instável. Tenho um caso de um xamã (filho do meu outro pai, Wan e', irmão mais velho de Paletó) que na ocasião estava sentado atrás da sua mulher, que me dizia que o marido não era bom caçador. Em sua defesa, ele falou que olhava para um animal e via uma paca e preparava-se para atirar, mas depois já não era uma paca, mas um queixada; depois, uma anta. Ele não queria dizer que o animal se transformava de uma coisa em outra, mas que sua visão era instável. A sua lista de transformações incluía também um homem como alvo possível e, nessa altura, desistia de atirar. Não é exatamente o mundo que está mudando, mas um acontecimento que ocorre entre o xamã e os animais. Como eu disse, as transformações ocorrem em pares ou multiplicidades. Você acha que podemos dizer que se trata de um mundo de devir, e não de ser? Trata-se de ontologias instáveis ou de pessoas instáveis?

F: Noto que os comentários até agora neste capítulo não são tanto sobre o perspectivismo como sobre o devir (versus o presumido ser estável). Por isso, é necessário um movimento extra para chegar aos pontos que são especialmente relevantes para as perspectivas. Todos sabem que, para a onça, o sangue é chicha. É surpreendente que, embora você tenha destacado muitas ocasiões em que os Wari' distinguem entre o que experimentaram direta e pessoalmente e o que acabou de ser relatado a eles, essas ocasiões não parecem incluir aquelas em que a onça bebendo chicha está envolvida. Eles veem onças bebendo sangue, mas sabem que para a onça isso é chicha. Os xamãs podem oncificar e as onças, xamanizar: isso permite dizer que o sangue pode se chicha-izar? Nesse caso, a chicha pode se sangue-izar. Exceto que o sangue e a chicha são o que é percebido em vez de aquilo que percebe.

A: Sim, os Wari' podiam dizer: *tokwa na wik*; *tokwa* é chicha e *wik* é sangue, portanto isso significa literalmente "chicha é sangue". O que eles estão dizendo é que o sangue se torna chicha para a onça. Voltemos ao evento da mãe de To'o, quando ela bebeu sangue e cuspiu restos de chicha. Ela como que transformou uma coisa noutra dentro do seu corpo e cuspiu não a chicha em si, mas o que resta quando fazemos ou bebemos chicha. Como eu disse, ouvi essa história pela primeira vez na casa onde vivi com Paletó e To'o na aldeia de Sagarana. Ela estava entusiasmada para contá-la. Depois repetiu-a diante de muita gente quando estivemos na casa de A'ain Tot, que tinha tido uma mãe-onça. Como comentei, eles gostam dos pequenos detalhes engraçados. É em situações como essa que as crianças, por exemplo, aprendem que sangue é chicha para a onça. Do meu ponto de vista, a mãe de To'o se tornou uma espécie de corpo-dicionário vivo, revelando não a instabilidade das coisas, mas a duplicidade do seu corpo ou da sua visão. Ou melhor, o que se passava envolvia não só ela, mas também os objetos (sangue e chicha) e a observadora, a filha. Há um conjunto de perspectivas em jogo e a transformação envolve todas elas, não apenas a mãe ou os objetos considerados separadamente.

F: Você observa com pertinência que não é o mundo que muda, mas a pessoa e as suas posições, e termina perguntando se é uma questão de ontologias instáveis ou de pessoas instáveis. Ao que eu comentaria primeiro que, certamente, nas explorações ontológicas de Eduardo Viveiros de Castro e outros (incluindo você), a constatação é de que o mundo em que os Wari' e outros vivem é diferente (do nosso). Isso poderia sugerir que a ontologia deles *é* estável, embora (1) isso englobe mundos diferentes para humanos e animais e (2) as pessoas — e alguns animais, pelo menos — pareçam entrar e sair de suas ontologias. Os corpos deles estão sujeitos a transformações — pelo menos é o que acontece com o das onças quando executam um rapto.

A: Obrigada por isso. Nunca sei como colocar essas coisas. Eu diria que eles têm uma ontologia estável que é simultaneamente múltipla, o que significa que essa ontologia deles (das pessoas nascidas Wari') inclui o conhecimento de que outros seres vivem num mundo material diferente (poderíamos dizer isso?), ou têm percepções diferentes do que para eles é o mundo. Penso que vale mesmo a pena aprofundar esse ponto.

F: Quando chegamos à mãe de To'o, ela parece fazer as transformações no seu próprio corpo, de modo que (mais uma vez) você resiste a dizer que são as coisas que são instáveis e localiza a instabilidade no corpo dela. No entanto, você continua a dizer que ela não estava mudando de perspectiva — por isso, esse parece ser um caso muito diferente do dos xamãs, uma vez que (como pensei ter entendido) é a visão deles que muda, não é o corpo deles que age para transformar os objetos que veem. Ou será que o corpo deles se altera e isso provoca a alteração da sua visão?

A: Eu diria que sim. To'o é um caso muito especial de alguém externo ao universo xamânico observando uma pessoa, bem próxima, em processo de mudança. Nunca ouvi falar de nenhum outro caso desse tipo de mudança de perspectiva. Para a mãe, o sangue era chicha, e por isso ela estava desejosa de o beber. A criança observadora viu restos de chicha de milho. Não sei o que é que a própria mãe viu. Provavelmente, chicha de milho durante todo o tempo. Ela, como onça em transformação, não podia ver de outra maneira, por isso penso que provavelmente quando cuspiu o milho, tinha voltado ao modo wari' de percepção do corpo. Como eu disse, tudo depende do caso concreto. É como se eles estivessem sempre trabalhando na construção da sua ontologia-epistemologia-cosmologia. Podemos dizer isso? Em caso afirmativo, trata-se de uma ontologia instável?

F: Respiremos fundo e nos afastemos. O termo "ontologias" pode ser pouco útil, na medida em que sugere a alguns (eu incluído) que se trata de algo abrangente: estamos lidando com uma descrição global do que existe e devemos esperar que essas descrições sejam diferentes entre as diversas culturas. A ontologia dos Wari' (e de outros) é contrastada com a ocidental como se ambas fossem pressupostos abrangentes sobre o mundo. Mas, em muitos dos seus exemplos, eu diria que nos Wari' há mais do que uma ontologia em ação.

A: Então, a ideia antes referida de que eles têm uma ontologia, embora em constante processo de elaboração, uma ontologia em mudança, não funciona para a filosofia? Estou um pouco perdida.

F: Não se trata apenas de não funcionar para a filosofia (ou seja, de a filosofia ser diferente). O que está em pauta é mais do que isso: para começar, que sentido faz falar de discurso ontológico aqui ou na filosofia? Os Wari' simplesmente seguem com sua vida, na qual, para eles, milho é milho, chicha é chicha, sem problemas (será isso muito injusto?). As perspectivas entram em ação quando se trata de espécies diferentes ou de indivíduos que atravessam fronteiras, como os xamãs. Uma consequência disso é a dificuldade que levantei sobre o ser versus o tornar-se — uma particular preocupação grega, sem dúvida, mas uma com relação à qual, para os Wari', temos de dizer (não temos?) que "o mundo" para eles é ambas as coisas. Há estabilidade e há fluxo — mas você comenta que este último está mais nas perspectivas do que nas coisas (na medida em que eles têm uma ideia de "coisas", uma vez que já questionamos anteriormente o estatuto dos "objetos").

A: Eles têm uma ideia das coisas, mas também sabem que pessoas diferentes veem as coisas que eles (os Wari') veem de forma diferente.

F: Claro que, para captar essa diferença, apela-se frequentemente à "ontologia". Mas desconfio cada vez mais desse movimento, tal como desconfio de invocar a "incomensurabilidade". É verdade que não existe um vocabulário neutro para analisar esses diferentes entendimentos, porém, isso não significa que eles sejam totalmente ininteligíveis entre si. Esse é um ponto em que precisamos submeter muitos dos nossos conceitos básicos a crítica e revisão. Um dos principais problemas é o fato de a "ontologia" ter começado na filosofia, na qual era utilizada para falar sobre o que quer que exista, como se fosse necessário dar uma resposta única e abrangente. Mas isso tende a não deixar qualquer espaço para múltiplas ontologias e, por isso, leva rapidamente a uma rejeição imediata de tudo o que não esteja de acordo com os nossos próprios pressupostos. Mas se as soluções de "um mundo só" sofrem desse defeito — devemos aprender a tratar os pontos de vista divergentes com mais respeito —, as soluções de "múltiplos mundos" devem ao leitor alguma explicação da sua multiplicidade.

A: Obrigada por esclarecer isso. Fico sempre meio perdida quando falo em termos de ontologia. Nunca sei como dizer o que experimentei entre os Wari'. Uma ontologia? Múltiplas ontologias? O que eu sei é que é muito diferente do meu mundo aqui. Muito diferente. Isso não significa que não o possa compreender se houver alguém que me explique. Ver meu avô Wari', o xamã-onça Orowam, agindo estranhamente, como no episódio que mencionei antes, quando ele começou a ver a mim e ao Abrão como presas, seria uma experiência incomensurável (eu diria que ele estava louco ou doente) se não houvesse uma pessoa bondosa para me explicar que ele estava se tornando uma onça. Sem tradutores, as percepções não seriam compreensíveis e isso poderia levar a experiências terríveis (como virar presa, por exemplo).

F: Algumas táticas utilizadas até então me parecem pouco úteis, ou mesmo mistificadoras. Quando voltamos aos dados que suscitam a hipótese dos muitos mundos, será que estamos realmente lidando com ontologias múltiplas? Não no sentido de múltiplos "tudo", pois tudo é, por definição, abrangente. As "ontologias" designam um campo da realidade que é autocontido e abrangente no que diz respeito ao campo em questão. Mas o que é um "campo de realidade"? É algo que é acessível a múltiplos observadores ou apenas a um grupo deles? Poderíamos dizer que a física fundamental das partículas implica uma ontologia a que, na realidade, só têm acesso alguns poucos, embora, em princípio, seja acessível a muitos. Os xamãs Wari' que seguem as onças parecem ser um pouco diferentes, na medida em que a acessibilidade a não xamãs parece estar fora de questão. Mas falar que esses xamãs habitam um mundo diferente, uma realidade diferente, parece ser incompatível com o fato de eles regressarem a casa. E os Wari' como um todo? Mais uma vez, parece-me que tanto a "ontologia" como a "incomensurabilidade" exageram os enigmas que apresentam. É certo que os quebra-cabeças nos alertam para suspender o julgamento se formos tentados a usar nossas suposições habituais. Porém, o preço é alto. Não podemos julgar pelos nossos padrões: mas a alternativa parece ser dizer que os padrões deles estão fora de alcance.

A: É complicado, não é? Sinto-me tão aliviada por saber que compartilhamos algumas das mesmas perguntas. Não acha que tudo depende das nossas próprias relações? A quem estamos tentando explicar a maneira de ser dos Wari'? Físicos? Antropólogos? Aos próprios Wari' (como na escola, quando o professor lhes pede que falem da sua "cosmologia" à turma de etnias mistas)? Conseguiríamos convencer alguém da academia de que eles são diferentes de nós se não usássemos o termo ontologia?

F: Admitir que estamos perplexos é uma boa e honesta metodologia. Mas talvez haja uma lição mais fundamental a aprender. Continuo a falar da revisibilidade dos conceitos. Porém, o alargamento semântico deles pode sugerir uma filosofia muito mais radical da linguagem e das suas limitações como veículo de comunicação, e, ao mesmo tempo, oferecer um caminho a seguir em relação a algumas terminologias muito usadas — e abusadas. Não se trata da instabilidade do seu corpo ou do meu, mas sim de promover a ideia de uma fluidez fundamental nos processos de compreensão e comunicação. As definições, a meu ver, longe de serem úteis, ou mesmo necessárias, muitas vezes atrapalham.

A: Concordo. Portanto, não estamos à procura de terminologias. Mas como falar das coisas se não as podemos sistematizar? Será suficiente dizer que os corpos não são instáveis, e sim que o mundo (incluindo os corpos) está em constante fluxo, sempre indeterminado? Como se um mundo inteiro se cristalizasse apenas por alguns instantes, para depois mudar novamente. Na Amazônia em geral, o corpo (como conceito e como objeto) é tão central que é útil falar de corpos instáveis para exprimir a sua forma de ser. Não depende sempre de com quem estamos falando? Os amazonistas têm um vocabulário e para falar com eles é preciso mantê-lo; os filósofos têm outro. A questão é que, depois de Philippe Descola e Eduardo Viveiros de Castro (seguindo, claro, o próprio Lévi-Strauss), a terminologia filosófica entrou na conversa amazônica, e não podemos deixar de usar essa terminologia. Acredito que nós (você e eu) estamos aqui tentando escapar dela, encontrando novos termos ou nenhum termo. É isso?

F: Você faz um trabalho maravilhoso ao explicar o mundo diferente dos Wari', mesmo sem recorrer à "ontologia". O que a "ontologia" faz para ajudar? Em todo caso, há um problema quanto à multiplicidade de ontologias ser uma questão dos Wari' versus modernidade ocidental, ou uma questão de múltiplas ontologias Wari', ou das ontologias modernas ocidentais. Estamos falando de fato sobre múltiplas experiências e formas diferentes de falar sobre essas experiências — diferentes valores ou sentidos do que é importante, o que se espera que as pessoas façam em face de um desastre, doença ou morte, que perigos correm se não acertarem, que obrigações têm para com aqueles que reconhecem como pertencentes ao seu grupo, ou para com outros que não o fazem. Mas podemos fazer tudo isso sem invocar ontologias enquanto tal.

A: Gosto da ideia de que o que varia é o que as pessoas consideram importante. Como a importância das relações interpessoais para muitos povos indígenas, que está acima de todo o resto. O foco da vida está em fazer relações, expandindo-as ou contraindo-as, dependendo da situação, e fazendo as coisas certas em cada contexto relacional específico. O que se faz aqui e agora não é necessariamente reproduzível noutro lugar, com outra pessoa. Toda essa conversa cristã sobre a integridade do eu, o eu verdadeiro, é algo que não se enquadra no mundo em que eles vivem.

F: Nas sociedades urbanas modernas e industrializadas, a importância das relações (com os parentes, até mesmo com os amigos) tende a ser dramaticamente minimizada — em comparação com a situação em que "família" significava um grupo bastante alargado. Marilyn Strathern[1] foi enfática quanto a isso.

A: Tem razão, é minimizada, mas penso que há uma razão para isso, uma vez que o discurso explícito das pessoas urbanas ocidentais normalmente não coloca as relações em primeiro plano. Como diz Roy Wagner,[2] esforçamo-nos por fazer cultura, objetos (livros, tecnologia etc.), e vemos as relações como um lado privado das nossas vidas, não como o seu significado central. Os indígenas colocam as relações na frente, como objetivo principal de toda a sua vida, das suas ações.

F: Você observa, com razão, que é muito complicado. Mas você mesma mostra como ilustrar as diferenças através de exemplos concretos, sem entrar em ontologias. Recordo que Tim Ingold[3] é um dos que se insurge contra a teoria a favor de exemplos concretos. Você se preocupa que não possamos falar das coisas se não as sistematizarmos. Mas a sistematização corre o risco de não fazer justiça às mudanças nos sujeitos, nos corpos, das quais estamos falando.

A: Não acha que continuamos, de certa forma, tentando sistematizar embora de outro jeito, ou seja, que estamos tentando encontrar categorias mais abertas, mais fluidas ou menos precisas (como encontrei na matemática dos Wari')?

F: É exatamente isso que significa insistir no "alargamento semântico". É evidente que os amazonistas e os filósofos têm

1 Marilyn Strathern, *Relations: An Anthropological Account*. Durham: Duke University Press, 2020. 2 Roy Wagner, *A invenção da cultura*. Trad. de Alexandre Morales e Marcela Coelho de Souza. São Paulo: Ubu, 2017. 3 Tim Ingold, *The Perception of the Environment* [2000]. Londres: Routledge, 2021.

os seus próprios vocabulários. Mas nenhum deles é definitivo. O nosso trabalho é precisamente ver onde eles não servem, onde precisam ser revistos, embora as nossas próprias revisões tenham de ser expressas numa linguagem que permaneça em contato com a original. Não "sem termos nenhum" e não necessariamente criando novos termos: em vez disso, oferecendo novas perspectivas em que todos os conceitos que utilizamos são sujeitos a escrutínio, à medida que os tornamos adequados (ou mais adequados) ao objetivo.

A: Sim, concordo. Manter o contato com os conceitos anteriores é essencial, mesmo que os invertamos, como fez Eduardo Viveiros de Castro com o par natureza/cultura para contrastar naturalismo e perspectivismo. Tenho um exemplo muito bom disso nos meus escritos. No meu primeiro livro,[4] percebi que o conceito Wari' de *jamixi'*, que hoje em dia traduzo por "duplo", era tão diferente do nosso conceito de alma que decidi mantê-lo na língua wari' e repeti-lo ao longo do livro. Claro que eu era jovem e ingênua e tentava ser fiel à experiência Wari'. Mas, ao fazê-lo, o conceito deles se perdeu um pouco na discussão. Então resolvi explicá-lo bem e traduzi-lo como "duplo", que também é um termo muito usado pelos amazonistas, sobretudo quando se fala de xamãs. Ainda me sinto muito desconfortável em traduzir como "alma" e mesmo "duplo", pois para os Wari' é algo que a pessoa não tem (como parte do corpo, por exemplo), mas pode ter em algumas circunstâncias. Eu era tão ingênua no início do meu trabalho de campo que lhes perguntei onde se localizava o seu *jamixi'* no corpo, uma pergunta louca que os fez rir e responder que não tinham um *jamixi'* (porque, claro, estavam saudáveis, não

4 Aparecida Vilaça, *Comendo como gente: Formas do canibalismo Wari' (Pakaa nova)* [1992]. Rio de Janeiro: Mauad X, 2017.

estavam doentes, não estavam sendo raptados, não estavam sonhando, não estavam morrendo. Em suma, não estavam se transformando no momento em que falavam comigo).

F: Não tenho problemas em deixar certos termos transliterados em vez de tentar traduzi-los, desde que se dê bastante contexto sobre a gama de utilizações. O *qi* chinês não pode ser "traduzido", nem mesmo o *logos* grego.

A: Sim, mas quando se traduz, as pessoas podem usá-lo no modo de alargamento semântico. Assim, "duplo" ou mesmo "alma" são alguns dos significados possíveis de *jamixi'*.

F: O uso que se faz de "sociológico", "filosófico", "psicológico" e o resto não mostra até que ponto ainda estamos presos a um quadro conceitual que exala as suas origens modernistas e pós-modernistas? É verdade que continuamos a realizar essas trocas em inglês, mesmo que este tenha engolido *qi* e *logos* e inúmeros termos antropológicos, como *hau* e *mana*, através da transliteração deles. Mas todo o vocabulário que utilizamos deve ser entendido como estando entre aspas: isso é onde o alargamento semântico entra em ação e onde podemos insistir na provisoriedade e na revisibilidade. À objeção de que isso nos deixa num pântano de incerteza e na ameaça de uma revisibilidade indefinida, a resposta deveria ser que, embora a terminologia esteja em movimento, continua a comunicar. Fazemos alguns progressos na nossa investigação sobre a maneira como as relações sociais afetam as formas de estar no mundo, os valores e as ideias sobre como nos comportamos e como prosperar. Mas, neste processo, aprendemos não só sobre os diferentes entendimentos dos valores, como também sobre a forma como as próprias "relações sociais" devem ser entendidas. Chegamos à conclusão de que a "filosofia" tem o seu papel a desempenhar para ajudar a formar respostas a essas questões-chave. Mas também aqui, no processo, o que conta como "filosofia" sofre sérias modificações, com algumas partes das percepções acadêmicas modernas sendo desvalorizadas, mas outras lições da "filosofia na floresta" contribuindo positivamente para o nosso quadro contemporâneo. E, no âmbito da "psicologia", não teremos de admitir que ainda estamos muitas vezes perdidos tentando compreender a consciência, independente do vocabulário que recrutamos para nos ajudar? Sejam quais forem as respostas provisórias que dermos, reconhecemos certamente que elas têm implicações radicais para a nossa compreensão das relações dos seres humanos com outros seres humanos, com outros animais e com outros seres sencientes, se não também com seres "inanimados" (ou o que quer que seja que se pense como tal: note-se aqui novamente algumas aspas explícitas).

Se isso leva ao que se pode pensar ser a conclusão deprimente de que o nosso avanço na compreensão está mais em saber o que ainda está por compreender do que naquilo que achamos que compreendemos, então que assim seja. Mas talvez não precisemos ser tão defensivos quanto a isso. Podemos continuar: não temos pressa.

Seria sensato, então, simplesmente admitir que não sabemos totalmente — o bom e honesto ponto metodológico com que comecei. Mas note-se que a) isso não nos deixa qualquer justificativa para qualquer afirmação de que "nós" (quem quer que sejamos) somos quem mais sabemos, e b) mesmo que tenhamos de dizer que não compreendemos totalmente, isso não é motivo para dizermos que não adquirimos nenhum conhecimento. É um trabalho árduo, com certeza, e enfrenta múltiplas barreiras à comunicação — tradução não só entre línguas naturais, mas dentro de cada uma delas — à medida que procuramos compreender um pouco melhor os nossos interlocutores. Não sou um grego antigo, nem um chinês antigo, mas mergulhando nos textos (que são reconhecidamente lacunosos e tendenciosos), acabo por acreditar que consigo perceber um pouco o que estão querendo dizer e, por vezes, até o porquê.

Não escolhemos (eu não escolho) a ayahuasca como o caminho para a inspiração (na vida e muito menos na academia!). Mas de qualquer modo procuramos inspiração quando nos confrontamos com a vida e a morte, o bem e o mal, os humanos e as outras criaturas. E os deuses? Quem é que vai negar o poder de Afrodite e dos mestres e mestras dos animais? Inspiramo-nos muito na poesia e, sim, na ciência, pelo menos na minha visão da ciência, que a considera impregnada de valores e muito mais próxima da filosofia (do tipo não acadêmico) do que em geral se pensa. Os nossos poetas têm, infelizmente, vozes políticas muito menos poderosas do que costumavam ter, mas podemos e continuamos a aprender com eles sobre os temas mais ínfimos e os mais grandiosos. O registro em que as ideias são comunicadas é muito importante, e isso nos permite certamente passar de um registro para outro: como você faz quando relata sobre os Wari', demonstrando assim as inspirações que podemos ter não só da poesia e da ciência, mas também da antropologia.

Não duvido, no entanto, que por vezes estejamos lidando com contrastes binários, porém, isso é muito mais raro do que se costuma supor nas discussões "eles e nós". Com frequência lidamos com espectros, com contínuos. Portanto, analogamente, não é digital, mas analógico. É claro que é difícil fazer com que tal análise funcione quando lidamos com grupos, crenças e práticas que parecem diferentes ao ponto da "incomensurabilidade". Mas dar a palavra a todos não é impossível, mesmo que não exista um vocabulário neutro para comunicar.

A: Concordo, embora eu tenha sempre o cuidado de não perder de vista as diferenças, que podem nos dizer muita coisa, pelo menos para uma antropóloga.

F: Herdamos uma situação problemática em que, de uma forma ou de outra, prevalece um forte contraste entre "eles" (povos indígenas, antigos) e "nós" (ocidentais supostamente esclarecidos sobre as ciências). Podemos ver muitos lugares onde isso é uma farsa. Onde podemos encontrar diferenças importantes, elas podem estar nos estilos de comunicação preferidos ou em itens particulares de crença ou prática. As perplexidades não podem ser negadas (mas nós próprios somos pessoas perplexas). O nosso objetivo essencial é manter viva a possibilidade de compreensão, mesmo e especialmente quando isso pode ameaçar alguns dos nossos pressupostos mais queridos, dos quais, como sabe, um dos meus exemplos mais famosos é a própria "natureza".

A: Concordo, mas como eu disse antes, é claro que a comunicação implica mal-entendidos, e prestar atenção a eles pode nos ensinar ainda mais, talvez, do que olhar para as semelhanças. Veja o caso dos Wari', que prestam atenção aos pormenores de estranheza quando encontram uma pessoa-onça, por exemplo. Se eles se concentrarem somente na comunicação oral, que ocorre de fato, estarão mortos (ou seja, virarão uma onça).

F: Muitos aspectos do comportamento humano, em relação a outros seres humanos, a outros animais e ao ambiente, na história da humanidade, não são muito bonitos. Mas o esforço para compreender melhor é uma experiência libertadora. Esse esforço tem sido repetidamente frustrado por preguiça, ganância e egoísmo. Mas isso não é razão para desistir. O otimista que há em mim recorda-me como a nossa sociabilidade pode ser espantosa, mesmo que o pessimista tenha muitas vezes de admitir algum desânimo.

Estimulado pelos problemas na compreensão de visões amplamente divergentes do que existe em diferentes culturas antigas (bem como modernas), falo com frequência sobre a multidimensionalidade da realidade, que permite, por óbvio, múltiplas perspectivas sobre ela, mantendo-as ao alcance umas das outras (não se deve pensar que elas são totalmente ininteligíveis entre si, embora não exista um vocabulário completamente neutro e inocente para falar delas).

A: Não tenho certeza absoluta disso. Em relação aos Wari', poderíamos dizer que, se não fossem os tradutores-xamãs, as múltiplas realidades não seriam mutuamente inteligíveis, com consequências graves, como a doença e a morte (se se bebesse sangue de onça, tomando-o erradamente por chicha). Assim, as pessoas têm de ouvir esses relatos de raptos, xamanismo, doenças, para aprenderem a traduzir no caso de serem pegas quando estão sozinhas na floresta. Os Wari' poderiam dizer (nunca disseram, mas acho que sim) que, como antropóloga, eu poderia aprender muito sobre a vida social deles, mas não poderia circular livremente, sem perigo, se não conhecesse todas as possibilidades de transformação e doença. E mesmo que eu conhecesse, poderia ter ficado doente, ter sido raptada ou ferida.

15.
Antropólogos e filósofos

F: A importância de não perder de vista as diferenças me leva a questionar sobre a forma como as nossas próprias origens distintas, a sua e a minha, aparecem na nossa discussão. Você, antropóloga, insiste na distinção dos materiais que descobre no seu trabalho de campo, incluindo a estranheza. Como filósofo da Antiguidade, aprendi a desconfiar muito da suposta estranheza daqueles que eram rotulados de bárbaros pelos antigos ou pelos modernos, quando isso era usado como desculpa para os rebaixar, até mesmo a ponto de afirmar que eram irracionais (embora, para alguns acadêmicos modernos, um motivo importante para esse rebaixamento fosse o de elevar os gregos, ou pelo menos alguns deles, a "racionais" e "iluminados" "como nós"). Isso me levou muitas vezes a inverter a situação: nós mesmos nos vemos alienados não só dos nossos costumes e crenças loucos, mas também do orgulho e da alegria (para alguns) da alta ciência e da filosofia. A nossa "iluminação" pode estar cheia de escuridão.

A: Tem razão, estamos apontando para pontos diferentes. Se eu estivesse nos anos 1960 ou antes, teria de estar muito mais concentrada em mostrar a racionalidade deles (como faz Lévi-Strauss[1] na ciência do concreto, e Evans-Pritchard[2] sobre

1 Claude Lévi-Strauss, *O pensamento selvagem*. Trad. de Tânia Pellegrini. Campinas: Papirus, 1990. 2 Edward Evan Evans-Pritchard, *Os Nuer*. Trad. de Ana M. Goldberger Coelho. São Paulo: Perspectiva, 2020.

os Nuer). Agora que eles têm o seu estatuto humano garantido (pelo menos em relação aos antropólogos), posso me concentrar nas diferenças. Não faço nenhum juízo de valor sobre a barbárie, e concordo com você que nós, que vivemos em sociedades urbanizadas modernas, somos os bárbaros, e não "eles", os outros que não vivem. Estou totalmente convencida disso.

F: De uma forma engraçada, para os modernos filósofos da Antiguidade mergulharem na filosofia antiga, a ponto de pensarem como Platão ou Aristóteles, seria necessário também estarem mortos, não se transformando numa onça, mas perdendo de vista precisamente essas diferenças de que acabamos de falar.

Estou intrigado com o que enxergo como uma espécie de complementaridade emergindo entre nós dois (como mencionei nas minhas observações sobre nossas origens). Sou a favor de quebrar barreiras e de poder ver a todos (antigos e modernos, mais ou menos letrados e institucionalizados) em barcos semelhantes ao final da análise — apesar de todas as diferenças que ambos reconhecemos, e em que você insiste, na forma como lidamos com os sonhos, a morte e a doença e tentamos compreendê-los e nos compreender uns aos outros. Eu poderia me ver como se estivesse tentando me transformar num... antropólogo. Você está observando e se solidarizando (e tendo sucesso em ser uma antropóloga, enquanto estou apenas tentando), mas ao mesmo tempo mantém a sua distância, mesmo tendo múltiplos pais e mães e irmãos e irmãs Wari', como qualquer Wari' destemido faria.

A: Vários pontos da nossa discussão se devem a focos ou interesses diferentes: como filósofo, você quer aplicar a sua noção de alargamento semântico à "humanidade". Como antropóloga, tenho como objetivo as "humanidades" (plural) e receio que ignorar essa pluralidade me leve a perder os pontos principais que os próprios povos indígenas estão tentando me ensinar. Se os Wari' dizem que são assim (ou seja, falam a língua deles, pensam de determinado modo, têm a pele mais escura, gostam de comer larvas etc.) porque o seu corpo é diferente do nosso, e que por isso vemos coisas diferentes, por que é que eu hei de tentar comparar as semelhanças e não me concentrar nas diferenças? Cada um de nós está puxando a corda numa direção e é isso que eu acho que é realmente interessante nos nossos metálogos. Ambos concordamos um com o outro, mas depois dizemos: "mas e se for ...".

F: Os filósofos da ciência diriam que não há fatos crus, se "crus" significar "sem teoria", pois, como eu já disse, todos vêm acompanhados de um quadro conceitual (e isso com certeza é verdade, particularmente no que diz respeito à física teórica mais sofisticada, à cosmologia ou à genética). Por outro lado, os filósofos da linguagem registram que as "metáforas" são difíceis de definir (eu as dispenso, substituindo-as por "alargamento semântico"). Mas a minha inspiração na antropologia é reforçada, e não enfraquecida, por esses dois pontos. Não estou pressupondo (risivelmente) que os antropólogos escrevam poesia. Porém, isso não me impede de registrar por vezes — frequentemente nas melhores etnografias — que as vidas que os antropólogos me apresentam estão cheias de poesia — e não apenas quando Philippe Descola[3] descreve as mulheres Achuar cantando para as suas plantas nas roças.

Os antropólogos podem relaxar: o mundo não deve ser reduzido ao que é considerado "científico". E os cientistas nem

3 Philippe Descola, *Para além de natureza e cultura*. Trad. de Andrea Daher e Luiz César de Sá. Niterói: Editora da Universidade Federal Fluminense, 2023.

sempre têm um discurso e um comportamento que correspondem às normas popularmente associadas à ciência. O próprio alargamento semântico estende-se tanto a "fatos" como a imagens (ou "metáforas").

A: Temos pontos de vista complementares. Interessam a você as semelhanças mais amplas, e todas as diferenças contribuiriam para uma visão mais complexa do ser humano. Eu me interesso mais pelas diferenças e como elas se relacionam. Por exemplo no meu trabalho sobre a conversão ao cristianismo.[4] Só foi possível compreender a experiência deles ao focar nas diferenças entre os Wari' e os missionários e na forma como as traduções de conceitos cristãos fundamentais são feitas de maneira distinta por uns e por outros. Não teria funcionado se eu tivesse me concentrado nas coincidências como aquilo que lhes permitia se relacionarem. De certa forma, é claro que elas existiam, mas estavam mais na visão dos missionários (todos filhos de Deus, o povo perdido de Israel etc.) do que naquela dos Wari'. De fato, é tudo uma questão de saber aonde se quer chegar.

F: Lidamos com fontes diferentes que levantam problemas distintos, embora todos tenham em comum a tentativa de compreensão. Respondemos ao que os outros têm para dizer, lutando com os problemas, e isso inclui registrar, como fizemos, o quão insatisfatórias nos parecem certas sugestões em voga hoje. Ao mesmo tempo, temos de admitir, e admitimos, que ficamos perplexos. Percebemos a oportunidade de aprender com esses encontros desconcertantes e podemos certamente proceder a algumas revisões básicas nos nossos

4 Aparecida Vilaça, *Praying and Preying: Christianity in Indigenous Amazonia*. Oakland: University of California Press, 2016.

próprios pressupostos sobre personalidade, agência, relações e corpos, e também sobre a comunicação e a compreensão propriamente ditas. A própria possibilidade de identificar erros de tradução nos lembra que, por vezes, eles podem ser evitados. O que tentamos fazer, ainda que provisoriamente, é tirar o máximo partido da nossa complementaridade. O objetivo poderia ser descrito como uma antropologia (mais) filosófica e uma filosofia (mais) antropológica. Não subestimamos o trabalho que ainda está por ser feito.

Conclusão

Todas as sociedades dispõem de meios mais ou menos abrangentes e mais ou menos bem-sucedidos para sobreviver, embora muitas não o façam a longo prazo. A tecnologia e as instituições sociais necessárias e utilizadas variam consideravelmente. Sobreviver na floresta amazônica requer competências diferentes das dos navegadores do Pacífico. Aqueles que se propuseram a explorar a Passagem do Noroeste pereceram ao atravessar regiões onde os Inuit tinham vivido e prosperado durante muitos séculos. Na sociedade industrial moderna, nos orgulhamos de dispor de tecnologias muito superiores às dos nossos antepassados. No entanto, essas tecnologias não tornaram o mundo um lugar mais seguro. Muito pelo contrário. Com as alterações climáticas ainda não controladas, corremos o risco de destruir o ambiente de que todos os seres vivos dependem. Embora tenhamos conseguido desenvolver vacinas contra a covid-19, essa não é a última pandemia que os seres humanos enfrentarão. E a morte, com certeza, acabará com todos nós.

A situação humana é universal. No entanto, existem enormes diferenças na forma como os diferentes povos respondem às dificuldades e aos perigos, não só da doença e da morte, mas também do lidar com os nossos semelhantes na nossa própria sociedade e nas outras. Essas diferenças suscitam dois tipos de problemas. O primeiro é o de compreender os outros, o segundo, o de aprender com eles. Perplexos como estamos com as estranhas crenças e práticas que vemos à nossa volta, como podemos começar a compreender a sua base e lógica — e será que elas as têm? Depois, em segundo lugar, o que podemos aprender com eles para melhorar as nossas próprias perspectivas de sucesso? Devemos levar em conta que a maioria das sociedades partiu do princípio de que não há muito a aprender com os outros e que elas próprias têm as melhores respostas para os problemas. Seria insensato cairmos na mesma armadilha.

A historiografia humana tem sido monopolizada pelos vencedores, que demasiadas vezes descartaram as crenças dos outros povos como sem valor. Na mais recente ascensão do imperialismo hegemônico ocidental moderno, a ciência tem sido a palavra de ordem para justificar as reivindicações de superioridade dos vencedores e para apontar as deficiências dos vencidos. Temos a verdade, ou pelo menos grande parte dela, assegurada por métodos racionais de investigação. Sistemas de crenças anteriores ou alternativos podem ser descartados com segurança como fantasia, mito ou superstição. Armados com melhores armas e portadores de novas doenças (como Jared Diamond[1] sublinhou), os ocidentais expandiram-se ao longo do século XX e só ao final foram efetivamente desafiados pelas potências asiáticas. Enquanto isso, as chamadas sociedades primitivas vêm decaindo ou desaparecendo a um ritmo exponencial.

Mas os estudiosos das sociedades antigas e os etnógrafos das sociedades contemporâneas não se limitam a registrar os efeitos catastróficos desses desenvolvimentos ocidentais. Não se trata apenas de contar como as coisas aconteceram, *wie es*

1 Jared Diamond, *Armas, germes e aço: Os destinos das sociedades humanas*. Trad. de Sílvia de Souza Costa, Cynthia Cortes e Paulo Soares. Rio de Janeiro: Record, 2013.

eigentlich gewesen. A nossa tarefa vital é, antes, aprender com os outros. Onde os missionários se puseram a converter os outros para os levar a um ponto de vista totalmente novo, devemos aproveitar a oportunidade para que esses outros nos ensinem uma ou outra coisa, para nos lembrarem, em primeiro lugar, das múltiplas formas em que o ser humano pode prosperar.

Esse é o princípio que orientou as nossas explorações aqui.

Os Wari', os antigos gregos e chineses, e muitos outros povos nos dão acesso a ideias e práticas bastante singulares, e nós nos esforçamos por tirar o máximo partido disso. Ao lidarmos com problemas de tradução, tivemos muitas vezes de levar em conta os limites da traduzibilidade, mapeando diferenças nos próprios esquemas conceituais nos quais aquilo que se toma por conhecimento comum é moldado. Aprendemos que, para os Wari', o termo *kwerexi'*, que podemos traduzir por "corpo", abrange também o "comportamento", os "sentimentos", as "maneiras" e a "inteligência". Para os chineses, *qi* significa tanto "respiração" como "energia", e várias outras coisas. Mas em vez de concluirmos que essas expressões nativas são erros de categoria, temos antes de rever as nossas próprias categorias, reconhecendo que a nossa forma padrão de estabelecer as fronteiras entre elas não é a única possível.

A tentação costumava ser a de rejeitar praticamente tudo o que se considerava estranho como sendo erro, superstição, irracional, equivocado, perverso ou fosse o que fosse. Mas isso baseava-se, claro, no pressuposto de que tínhamos compreendido as ideias e práticas estranhas em questão. Investigações e reflexões posteriores revelam muitas vezes que superestimamos a nossa capacidade de interpretar o que se passa, o que nos leva à sóbria constatação de que subestimamos seriamente as dificuldades de o fazer. Ora, isso pode levar, e muitas vezes tem levado, a uma reação extrema na direção oposta — à conclusão de que, em rigor, todos esses sistemas autóctones são ininteligíveis para quem está de fora. Para compreender os gregos antigos, é preciso se tornar um grego antigo, o que, evidentemente, não é possível. É preciso se casar com um Wari' para alcançar o estatuto de *iri' Wari'*.

No entanto, embarcamos neste exercício partilhando a convicção de que é possível alguma compreensão, apesar de toda a estranheza do material que estamos tentando entender, seja qual for o período ou a sociedade de que provenha. Mas que compreensão alcançamos de fato? As questões se referem, repetidamente, a ideias sobre o que realmente existe, sobre quem devemos considerar seres humanos, sobre como lidar com a vida — e com a morte e a doença — e sobre valores. Por isso, é bom recordar que, muitas vezes, ainda não sabemos responder a essas questões, mesmo que possamos constatar que algumas delas não podem, de qualquer modo, ser respondidas "diretamente" (filósofos costumavam ficar muito entusiasmados ao diagnosticarem problemas filosóficos falsos, isto é, apenas linguísticos: com um aceno de varinha clarificadora, decretavam que não havia qualquer problema ali). No entanto, essas dúvidas remanescentes não devem ser uma desculpa para simplesmente admitir a derrota, mas antes um estímulo para a procura de novas possibilidades de compreensão.

É verdade que, quanto à física teórica moderna, à cosmologia e à biologia, podemos dizer que muitas descobertas foram feitas e podemos identificar alguns erros (inclusive na atualidade) como sendo apenas isso. Ao mesmo tempo, precisamos reconhecer que essas questões científicas não são as preocupações mais imediatas das pessoas comuns nas ruas de Londres ou nas clareiras da floresta amazônica. Essas preocupações estão relacionadas com as habilidades para lidar com as relações humanas, interagir com outros seres vivos e com o ambiente, a forma de ganhar a vida, para não falar de assegurar o desenvolvimento humano, os valores que devemos prezar etc. Para lidar com essas questões, nós, humanos, não precisamos apenas de ciência: precisamos de empatia e compreensão. É aqui, esperamos, que a nossa combinação de antropologia e filosofia possa ajudar.

Com certeza nós dois trazemos para a discussão os nossos próprios pressupostos e valores, sendo que a maioria deles — mas não todos — temos que estar preparados para rever, e alguns, para abandonar. Quando nos deparamos com autores que apoiam a escravidão ou excluem pessoas da "humanidade" pelo fato de falarem ou se vestirem de uma forma "estranha", discordamos, ainda que sejamos obrigados a investigar por que é que esses autores assumiram ou assumem essas opiniões. Por outro lado, quando vemos como é adotada uma atitude diferente e mais respeitosa para com os não humanos, ou o ambiente, ou simplesmente o estranho e o desconhecido, temos a oportunidade de aprender de maneira mais proveitosa.

A multiplicidade de formas de estar no mundo serve, então, como um lembrete da nossa própria falta de imaginação, ou certamente dos seus limites. Nós dois não pretendemos endossar, o que seria impossível, toda e qualquer ideia ou sistema de crenças que a nossa experiência nos traz. Mas mesmo as mais intrigantes são alimento para reflexão, talvez sobretudo as mais intrigantes. Estaremos apenas sonhando? Não. Porém, essa pergunta nos recorda o pouco que sabemos sobre a consciência, entre nós e, possivelmente, entre as borboletas e as onças.

Índice remissivo

A

B

C

D

E

F

G

H

I

J

K

L

M

N

O

P

Q

R

S

T

U

V

W

X

Y

Z

Grafia atualizada segundo o Acordo Ortográfico da Língua Portuguesa de 1990, que entrou em vigor no Brasil em 2009.

capa
Vini Marson
preparação
Gabriela Marques Rocha
revisão
Jane Pessoa
Karina Okamoto
índice remissivo
Luciano Marchiori

Dados Internacionais de Catalogação na Publicação (CIP)

Lloyd, Geoffrey(1933) ; Vilaça, Aparecida (1958)
Onças e borboletas : Diálogos entre antropologia e filosofia / Geoffrey Lloyd, Aparecida Vilaça ; tradução Fabiane Secches. — 1. ed. — São Paulo : Todavia, 2025.

Título original: Of Jaguars and Butterflies: Metalogues on Issues in Anthropology and Philosophy
ISBN 978-65-5692-759-6

1. Antropologia. 2. Filosofia. 3. Povos originários - indígenas. 4. Wari'. 5. Ensaio. I. Vilaça, Aparecida. II. Secches, Fabiane. III. Título.

CDD B869.4

Índice para catálogo sistemático:
1. Literatura brasileira : Ensaio B869.4

Bruna Heller — Bibliotecária — CRB-10/2348

todavia
Rua Luís Anhaia, 44
05433.020 São Paulo SP
T. 55 11 3094 0500
www.todavialivros.com.br

fonte
Register*
papel
Pólen natural 80 g/m²
impressão
Geográfica